**新文京開發出版股份有限公司**

新世紀・新視野・新文京 — 精選教科書・考試用書・專業參考書

# New Wun Ching Developmental Publishing Co., Ltd.

New Age · New Choice · The Best Selected Educational Publications — NEW WCDP

# 全球海上遇險
# 及安全系統

張在欣　著

GMDSS

# 序言 | PREFACE

GMDSS 於 1992 年 2 月 1 日正式生效後，有效傳送遇險警示、緊急安全通信及海事安全資訊等，全面提升船舶海上航行安全。臺灣四面環海位於西太平洋上，目前雖非聯合國國際海事組織會員國，然對海洋發展，海上搜索與救助等國際共同事務，全然不遺餘力積極參與。感謝教育部於 105 年補助台北海洋科技大學興建 GMDSS 專業教室，滿足學生培訓、考照、船員訓練等需求，落實務實致用精神。

本書以 TRANSAS SAILOR－5000 為例，提供 GMDSS 學理及儀器操作說明，感謝唐繼生教官、胡家聲教授、陳靖中船長、林百銘老師的提攜與指導，使本書得以付梓，師恩浩蕩，銘感於心。

感謝台北海洋科技大學航海系及海訓中心的專業支援，將積極貢獻心力於學術研究及實務發展，在海事教育上持續堅持而勇敢。

張在欣 謹誌于

台北海洋科技大學 航海系

# 作者簡介 | AUTHOR

✦ 張在欣

**現職：**
台北海洋科技大學航海系 副教授

**學歷：**
國立臺灣大學應用力學所 博士
國立臺灣大學導航通訊研究所 碩士
國立臺灣海洋大學航海系 學士

**研究專長：**
電子航海、全球衛星導航定位系統、電子海圖顯示與
資訊系統、全球海上遇險及安全系統、船舶通訊

# 目 錄 | CONTENTS

CHAPTER **04** │ 衛星系統

CHAPTER **05** │ 全球導航衛星系統
(Global Navigation Satellite
System )

# CHAPTER 06 │ 海事安全信文及搜索與救助系統

# 01
**CHAPTER**

# 緒論

## 1.1 全球海上遇險及安全系統(GMDSS)簡介

長久以來，船舶通信皆依靠傳統的摩斯碼(Morse Code)無線電報傳送，然而以摩斯碼為主的通訊方式並不足以勝任現代船舶遇險及安全系統發展之需求。自西元 1957 年發射第一顆地球人造衛星、1964 年研製出衛星導航系統、1976 年第一顆「海事衛星 1 號」(MARISAT-1)發射到大西洋上空，便開啟了船舶無線電衛星通信業務，為海上運輸的發展及人命安全保障產生極重要的作用。

1979 年國際海事組織得力於國際無線電諮詢委員會(Intenational Radio Consultative Committee, CCIR)，成立了國際海事衛星通信組織，將無線電及衛星通信技術結合海上遇險系統。並在 1988 年，海上人命安全國際公約(Safety of Life at Sea, SOLAS)會議修訂案中，通過 1974 年海上人命安全國際公約之修正案(SOLAS, 88)，以及與 GMDSS 通訊有關之若干決議案，該公約修正案要求自 1999 年 2 月 1 日起，全面強制實施全球海上遇險及安全系統(Global Maritime Distress and Safety System, GMDSS)，傳統摩斯無線電報將由窄帶印字電報(Narrow-Band Direct-Printing, NBDP)及無線電傳真通信所取代。

國際海事通信衛星(International Maritime Satellite, INMARSAT)的啟用，亦促使無線電話及無線電資料交換業務的通信距離大大增加，全球通信成為便捷而實用的技術。保證了所有海上的警報(Alarm)和警示(Alert)能快速且正確的傳送，並當進行海上搜救(Search and Rescue, SAR)作業時，對遇險區域的通信，能確實有效的通聯，任何海域上的任一船舶皆能夠對重要通訊作有效的操作。

GMDSS 系統具有遇險(Distress)、緊急(Urgency)、安全(Saftey)、例行(Routine)之通信業務，並能傳送海事安全資訊(Maritime Safety Information, MSI)，包括航行與氣象上之警告。當船舶遇險時，搜索與救助單位(Search and Rescue)能快速的根據遇險船舶所發出的警報，在最短時間內提供適當的救援行動，有效的確保海上人命及財產安全，並減少對海洋環境造成的損害。

　　GMDSS 主要由無線電通訊系統、衛星通訊系統、海事安全信文及搜索與救助系統所組成，如圖 1-1 所示。其中衛星通訊系統包含國際海事通信衛星(INMARSAT)及衛星輔助搜救系統(COSPAS/SARSAT)，提供電話、電傳等數位通訊功能，當船舶事故發生時，透過無線電或衛星發送信號，可直接呼叫在遇險船舶附近的船舶與地面終端站(Local User Terminal, LUT)，並持續追蹤406MHz 緊急指位無線電示標(Emergency Position Indicating Radio Beacon, EPIRB)位置。任務管制中心(Mission Control Center, MCC)能藉由 GMDSS 系統而迅速獲得通報，並與搜救協調中心(Rescue Coordination Center, RCC)進行快速之搜救與救助(SAR)措施，有效提供船舶緊急救援服務。使海上危難之損害程度減至最低。

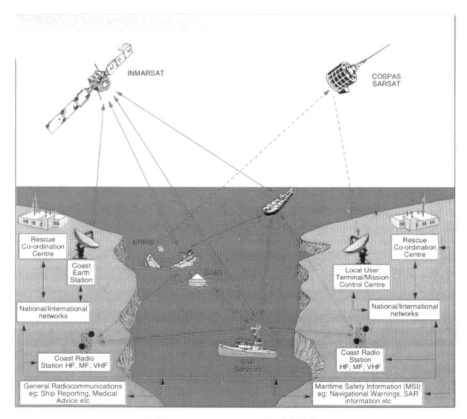

◉ 圖 1-1　GMDSS 組成架構[2]

　　GMDSS 在通信方面依其涵蓋範圍提供不同的服務，適用於總噸位 300 以上的貨輪以及所有航行國際航線上的客輪。船舶是依照其所航行的海域，搭配應具備之通信設備，使之能與相同海域之其他船舶進行重要通信，而非依據船舶的大小，但無論在何種海域之船舶均應備有遇險警報裝置。全球海域以岸為基準，依電波之覆蓋範圍，分為 A1、A2、A3、A4 等四個海域，將其涵蓋範圍分類如下：

1. A1 海域：定義為距離海岸電台約 20~30 海浬處。適用特高頻(Very High Frequency, VHF)的頻率範圍，海岸電台提供連續的數位選擇呼叫(Digital Selective Call, DSC)警示其所能涵蓋的海域。

2. A2 海域：定義為距離海岸電台約 30 海浬外，150 海浬範圍內，亦即不包含 A1 海域。適用中頻(Medium Frequency, MF)數位選擇呼叫。

3. A3 海域：在國際海事通信衛星(INMARSAT)通訊範圍內的海域，目前 INMARSAT 涵蓋範圍可達 82°N 與 82°S 之間，但不包括 A1 及 A2 海域。

4. A4 海域：係指在 A1、A2、A3 範圍以外之海域，亦即南、北極區。

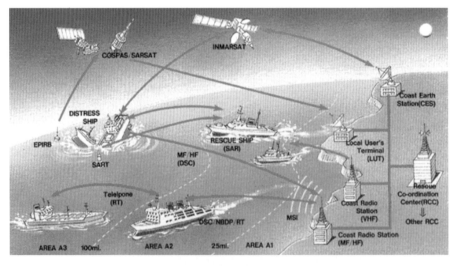

◉ 圖 1-2　GMDSS 海域劃分示意圖[3]

## 1.2 發展歷程

　　為增進海上船舶航行安全，自 1975 年國際海事組織(Intenational Maritime Organization, IMO)成立以來，即致力於無線電通信技術之改善，發展出全球海上遇險及安全系統，使搜救工作得以迅速展開。全球海上遇險及安全系統(GMDSS)之重要進程如下：

1. 1979 年 IMO 與國際無線電諮詢委員會(Intenational Radio Consultative committee, CCIR)合作，成立了國際海事衛星通信組織，建立國際海事衛星通信系統，促使通信技術應用於船舶上邁向一新里程。

2. 1988 年 11 月 9 日經國際海事組織大會通過決議案；「採納 1974 年國際海上人命安全公約有關全球海上遇險及安全系統之無線電修正案」。並自 1992 年 2 月 1 日起正式生效實施，惟係逐步實施。

3. 1992 年 2 月 1 日「全球海上遇險及安全系統」正式納入船舶通訊系統，總噸位 300 噸以上之貨船及所有航行國際航線上的客輪，皆應強制裝設 GMDSS 設備。

4. 1993 年 8 月 1 日

　　凡 SOLAS 公約規範之所有船舶，必須裝設下列設備[4]：

(1) 航行電傳接收機(518KHz NAVTEX)。

(2) 緊急無線電示標(EPIRB)。

5. 1995 年 2 月 1 日

　　該日期以後建造之新船必須裝有 GMDSS 無線電設備，其他舊船必須依照 SOLAS 公約規定裝設：

(1) 能在 9 GHz 頻帶操作之雷達詢答機(SART)，總噸位 300~500 配置 1 組；總噸位 500 以上配置 2 組。

(2) 手持式特高頻收發機(VHF)，總噸位 300~500 配置 2 組；總噸位 500 以上配置 3 組。

6. 1999 年 2 月 1 日

　　SOLAS 公約規範的所有船舶，必須裝設符合規範的 GMDSS 無線電裝備。至此，船舶通訊系統全面符合 GMDSS 設備要求，船舶邁入一航行新世代，以快速、自動向岸上權責機構發送遇險警示系統，有效提升海上安全。

## 1.3　法規要求

### ➤ 1.3.1　通信設備

　　SOLAS 1974 公約規定不同海域航行之船舶（國際航行之客船及總噸位 300 以上之貨船），對 GMDSS 設備之最低基本要求配置，如圖 1-3～圖 1-7：

1. A1 海域

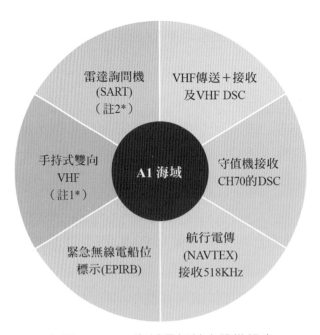

◉ 圖 1-3　A1 海域最低基本設備規定

## 2. A1+A2 海域

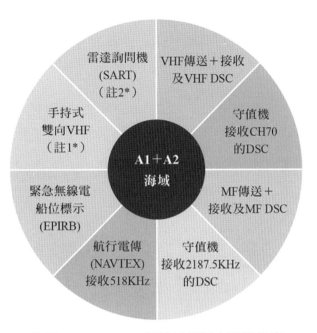

⊙ 圖 1-4　A1+A2 海域最低基本設備規定

## 3. A1+A2+A3 海域

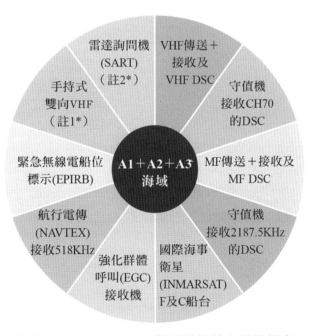

⊙ 圖 1-5　A1+A2+A3 海域最低基本設備規定

4. A1+A2+A3(HF)和 A1+A2+A3+A4 海域

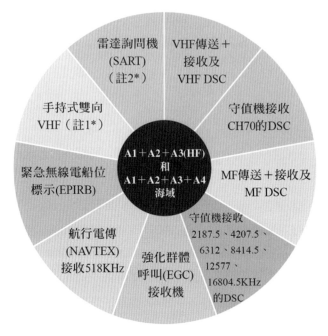

◉ 圖 1-6　A1+A2+A3(HF)和 A1+A2+A3+A4 海域最低基本設備規定

5. A3/A4 海域船舶額外設備的規定

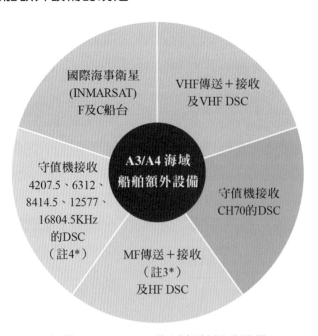

◉ 圖 1-7　A3/A4 海域船舶額外設備

（註 1*）　手持式雙向 VHF：總噸位 300~500 配置 2 組；總噸位 500 以上配置 3 組。為救生艇筏使用之額外設備。

（註 2*）　雷達詢答機(SART)：總噸位 300~500 配置 1 組；總噸位 500 以上配置 2 組。為救生艇筏使用之額外設備。

（註 3*）　可以與 A3 海域所需的 MF/HF 收發機組合。

（註 4*）　可以與 A3 海域所需的守值接收機組合。

SOLAS 公約為確保 GMDSS 設備之有效性，針對設備之維修，訂有三種方式包含：

1. 岸上維修：船公司與維修廠簽訂合約，依合約進行岸上維修工作。

2. 船上維修：船上需有經授權維護設備之合格人員，並需使用完整及必要之工具及零件，方能進行船上維修工作。

3. 雙套設備：根據 IMO Resolution A.702(17)要求，各海域採用雙套設備的船舶需配置之裝置如表 1.1。

📝 表 1.1　雙套設備裝置

| 海域 | 雙套設備（第二套設備） |
|---|---|
| A1 | VHF 無線電裝置一台，功能和主設備一樣，但不要求 CH70 DSC 連續守值功能。 |
| A1+A2 | ・VHF 無線電裝置一台，功能和主設備一樣，但不要求 CH70 DSC 連續守值功能。<br>・MF 無線電裝置一台，功能和主設備一樣，但不要求 2187.5kHz DSC 連續守值功能。 |
| A1+A2+A3 | ・VHF 無線電裝置一台，功能和主設備一樣，但不要求 CH70 DSC 連續守值功能。<br>・MF/HF 無線電裝置或國際海事衛星船台(INMARSAT SES)一台，功能和主設備一樣。 |
| A1+A2+A3+A4 | ・VHF 無線電裝置一台，功能和主設備一樣，但不要求 CH70 DSC 連續守值功能。<br>・MF/HF 無線電裝置一台，若只是偶爾航行於 A4 海域，亦可以一台 INMARSAT SES 替代之。 |

在 A1 及 A2 海域從事航行之船舶，應使用經主管機關認可之其中一種方法或方法之合併以確保可用性。在 A3 及 A4 海域從事航行之船舶，應使用經主管機關認可之至少二種方法以確保設備之有效性。現行配有 GMDSS 之船舶，多採用岸上維修和雙套設備之方式。

## ▶ 1.3.2　人員證書

船舶電信人員證書有四種，航行 A1 海域外之船舶，須至少有 2 張通用級證書在船上。四種證書分為：

1. 一等無線電電子員證書(First-class Radio Electronic Certificate)

2. 二等無線電電子員證書(Second-class Radio Electronic Certificate)：指適任航行於 A1、A2、A3、A4 海域船舶配備全球海上遇險及安全系統設備之無線電子員。

3. 通用級值機員證書(General Operator's Certificate)：適用於 A1、A2、A3、A4 海域，然不具有海上維修能力。STCW 95 章程 Section A-II/1 中提及，允許當值航行員取代專業無線電人員執行無線電通訊作業，並執行全球海上遇險及安全系統(GMDSS)之任務。因此，在人力成本之考量下，該項證書為一等船長／大副／船副，二等船長／大副／船副，所需具備之證書。

4. 限用級值機員證書(Limoted Operator's Certificate)：適用於 A1 海域。然不具有海上維修能力。為三等船長／船副，須具備之證書，惟可以通用級證書取代。

## ▶ 1.3.3　其他 SOLAS 規定中有關 GMDSS 者

1. 救生筏的 VHF 電話、EPIRB 和 SART 之測試，須每月實施 1 次。

2. DSC 之設備需每日檢查；中高頻 DSC 之岸台通聯測試每週 1 次、VHF 警告產生裝置每週 1 次自我測試（不可對外測試）。

3. 緊急電源方面，客船須能維持 36 小時，貨船為 18 小時。

4. 備用電源為馬達發電機時,每週測試 1 次。

5. 航空器電台發射功率須小於 5 瓦。

6. 維修方式有三種:岸上維修、船上維修、副套設備。船在 A1、A2 海域內應擇 1 種,船在 A3、A4 海域內應擇 2 種。

7. 無線電測試,連續信號不可超過 10 秒。

8. 無線電安全設備證書有效期限為 1 年。

9. 通信記錄規定,每日至少登記船位 1 次。

## 1.4 GMDSS 功能

依據 SOLAS 第 IV 章規則 4 定義了 GMDSS 的基本功能。

1. 遇險警示操作(Alerting)功能:船舶在海上能以分離且獨立之方法,使用不同的無線電通信傳送遇險警示。需具有船台對船台、船台對岸台、岸台對船台之通訊能力。

    (1) A1 海域:船台對船台或船台對岸台均使用 156.525 MHz 數位選擇呼叫(DSC)。156.8 MHz 為無線電話警報及安全通信之用,包括搜救之協調功能及現場指揮之通信。

    (2) A2 海域:船台對船台或船台對岸台均使用 2187.5 MHz 頻率。

    (3) A3、A4 海域:船台對船台使用 2187.5 KHz 頻率;船台對岸台利用 406MHz EPIRB,或使用高頻數位選擇呼叫 HF-DSC 及 1.6 GHz EPIRB。

2. 搜救協調通信功能:在搜救協調中心(RCC)、現場指揮官(OSC)、水面搜救協調(CSS)間建立雙向通信。

3. 現場通信:在海難船與救助單位間進行,通信係在中頻與特高頻頻帶中,可適用 2182KHz 或 156.8MHz 頻率,客船應備有 121.5MHz 雙向航空緊急通訊頻率。

4. 確認海上遇險信號發送位置：利用 SART 之 9GHz 雷達詢答機之信號；航空搜救單位用 121.5MHz 導向(Homing)。

5. 海事安全資訊：以 518 KHz 廣播 NAVTEX（英語航行警告電傳），窄頻帶直接印字電報接收；NAVTEX 海域外則用 INMARSAT 之強化集體群呼 (Enhanced Group Call, EGC)，以期能與協調系統相互結合，播放海上安全資訊。

6. 一般無線電通信：在不影響船舶航行安全之情況下，可作為船舶操作與管理等方面之通信，任何適當頻道皆可進行互通。

7. 船舶駕駛台對駕駛台通信：為有效進行船舶航行安全，以 VHF C06 (156.3MHz)頻道及 VHF C16 (156.8MHz)頻道為主。

　GMDSS 作業系統簡列於表 1.2：

表 1.2　GMDSS 作業系統

| 通訊方式 |
| --- |
| 語音(Voice) |
| 電傳(Telex) |
| 數據(Data) |
| 傳真(Facsimile) |
| **通訊工具** |
| 無線電(Radio Communication)：<br>VHF、MF、HF<br>衛星通訊(INMARSAT)：<br>INMARSAT B、INMARSAT C、FBB、F77 |
| **通訊電台** |
| 船台(Ship's Station)：包括 SRS、SES<br>岸台(Coast's Station)：包括 CRS、CES<br>另有網路協調站(Network Coordination Station, NCS) |

# 02
**CHAPTER**

# 通信工作頻率

## 2.1 名詞定義

　　無線電波是以電磁波的形式傳送，經由振盪器產生高頻交流電，再由天線轉換為電磁輻射波，即一般所謂的電波，有時也稱無線電、射頻等，如圖 2-1 所示，幅度由零增至波峰（正波最大值）後降低，經過零後降至波谷（負波最大值）後又回升至零點，至此即完成一週。和其他電磁波一樣，無線電波也以光速行進，常被用於長距離通訊，如收音機與無線通信等。

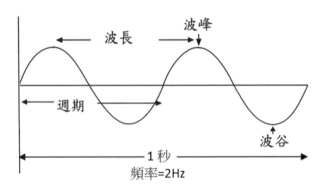

◉ 圖 2-1　電波(2Hz)示意圖

1. 波長(Wave Length)：無線電波完成一個週期所行進之距離，如波峰（波谷）至下一個波峰（波谷）之間的距離，常以 λ 表示。

2. 波峰(Crest)：在一個波長的範圍內，正向波幅的最大值。

3. 波谷(Trough)：在一個波長的範圍內，負向波幅的最大值。波谷與波峰相對，為波幅的最小值。

4. 週期(Cycle)：無線電波完成一個週期所需之時間，常以 t 表示。

5. 頻率(Frequency)：常以 f 表示，為一單位時間內，所完成的週期數，其測量單位為 Hz。如圖 2-1 所示，單位時間為 1 秒，頻率為 2Hz。

6. 相位(Phase)：係指波形變化瞬間所在之角度，波形循環一週即為 360°。相位僅能表示 0°~360°，無法呈現變化幾週，因而在使用衛星導航設備時，存有整數週波未定值(Integer ambiguity)之問題。

7. 傳送速度：電波以光速(C)傳送，約每秒 $3 \times 10^8$ 公尺。與頻率和波長的關係式為 $C = f \times \lambda$。

 範例 2.1

使用 VHF 呼叫、安全通報頻道 16，其頻率為 156.8MHz，則其波長 λ 為何？

 解

由 $C = f \times \lambda$

$\Rightarrow \quad 3 \times 10^8 = 156.8 \times 10^6 \times \lambda$

得 $\quad \lambda = \dfrac{3 \times 10^8}{156.8 \times 10^6} \cong 1.91$ m

## 2.2  電波工作頻段

無線電頻率(Radio Frequency, RF)頻段之劃分，依國際電信聯合會(International Telecommunication Union, ITU)規定，如表 2.1 所示。電波頻率越高，所受靜電等干擾越少，信號品質亦越佳。

表 2.1 無線頻帶劃分表

| 頻段名稱 | 縮寫 | 頻率範圍 | 波長範圍 | 備註 |
|---|---|---|---|---|
| 極低頻 | ELF | 3~30Hz | 100,000 km~10,000 km | |
| 超低頻 | SLF | 30~300Hz | 10,000 km~1,000 km | |
| 特低頻 | ULF | 300~3KHz | 1,000 km~100 km | |
| 甚低頻 | VLF | 3K~30KHz | 100 km~10 km | 極長距離點與點間之通信。 |
| 低頻 | LF | 30K~300KHz | 10 km~1 km | 電波沿地球表面行進，可達長距離傳輸，易受靜電干擾、雜訊大，需極長之天線，故不適於通信。 |

📑 表 2.1　無線頻帶劃分表（續）

| 頻段名稱 | 縮寫 | 頻率範圍 | 波長範圍 | 備註 |
|---|---|---|---|---|
| 中頻 | MF | 300K~3MHz | 1 km~100 m | 天波、地波並存，適合中短距離通訊，中頻天線長度至少須達波長的 1/4。（參閱範例 2.2） |
| 高頻 | HF | 3M~30MHz | 100 m~10 m | 以天波傳送為主，長距離通訊使用。利用電離層反射傳播，隨季節及每日電離層之變動，訊號變化頗大。 |
| 甚高頻 | VHF | 30M~300MHz | 10 m~1 m | 直接由發射機天線傳遞至接收機之電波，干擾小，適於短距離通信。 |
| 特高頻 | UHF | 300M~3GHz | 1 m~10 cm | 電視廣播、無線電話通訊、無線網絡、微波爐等。 |
| 超高頻 | SHF | 3G~30GHz | 10 cm~1 cm | |
| 極高頻 | EHF | 30G~300GHz | 1 cm~0.1 cm | |

 範例 2.2

頻率 2182 KHz，求天線長度至少需為多長？

 解

$$\lambda = \frac{3 \times 10^8}{2182 \times 10^3} = 137.5 \text{ m}$$

$$天線長度 = \frac{\lambda}{4} = 34.4 \text{m}$$

## 2.3 海事無線電工作類別

無線電波發射類別的表示方法，由三個符號組成，第一個符號為調製方式，第二個符號為信號性質，第三個符號為信息類型。其中，第一個及第三個符號為英文字母，第二個符號為數字。

無線電台發射標識主要分類為[9]：

1. 第一符號：指主載波之調變方式，以英文字母表示。

    (1) N：未調變載波之發射。

    (2) 主載波受幅度之發射：

    A：雙邊帶

    B：獨立邊帶

    C：殘邊帶

    H：單邊帶全載波

    J：單邊帶抑制載波

    R：單邊帶減載波或可變階度載波

    (3) 主載波受角度調變之發射：

    F：頻率調變

    G：相位調變

    (4) D：主載同時或依序進行調幅和調角之發射

    (5) 脈波發射：

    P：未受調變之脈波列

    (6) 脈波列：

    K：以幅度調變

    L：以寬度／歷時調變

    M：以位置／相位調變

    Q：脈波週期中，主載波受角度調變

    V：上述方式之混合或其他方法產生

(7) W：非上述各項之發射，其主載波同時或按特定序列，用兩種或三種的組合調變，包含調幅度、調角度或脈波調變的方式加以組合。

(8) X：上述各項未包括之其他情況

2. 第二符號：對主載波調變信號之特性，以數字表示。

0：無調變信號

1：不用副載波作調變之單路量化或數位信號

2：用副載波作調變之單路量化或數位信號

3：類比單路信息

7：雙路或多路量化或數位信息

8：雙路或多路類比信息

9：單路或多路量化或數化信息合併於單路或多路類比信息之複合系統

X：上述各項未包括之其他情況

3. 第三符號：被傳送信息之型式，以英文字母表示。

A：電報術—耳聽接收

B：電報術—自動接收

C：傳真

D：數據傳輸、遙測術、電指揮

E：電話術（含聲音廣播）

F：電視（影像）

N：未傳送信息

W：以上各類之複合

X：上述各項未包括之其他情況

　茲將水上行動通信常用發射標識列於表 2.2。

📑 表 2.2　水上行動通信常用發射標識

| 無線電話 | |
|---|---|
| 標識 | 種類 |
| J3E | 單邊帶抑制載波單路類比電話 |
| H3E | 單邊帶全載波單路類比電話（僅用於 2182KHz） |
| F3E | 單路頻率調變類比電話 |
| G3E | 單路相位調變類比電話 |
| 無線電文與 DSC | |
| F1B | 頻率鍵移載波具偵錯自動電報 |
| G2B | 副載波相位調變單路量化或數位自動電報 |

GMDSS 中用於海事之無線電工作頻率分述如下：

1. 中頻(MF)：使用天線較長，屬於 GMDSS 系統中的中距離通信，供電報類信息傳送之用，發射方式，多為 A3E、H3E、R3E 和 J3E。中頻之重要頻率分為：

   (1) 490KHz：本國文航行警告電傳(Navigational Telex, NAVTEX)型式之海事安全資訊(Maritime Safety Informati, MSI)。

   (2) 518KHz：英文航行警告電傳(NAVTEX)型式之海事安全資訊(MSI)。

   (3) 2174.5 KHz：遇險─緊急─安全之窄頻帶直接印字(Narrow Band Direct Print Telegraph, NBDP)電傳。

   (4) 2182 KHz：用於船對岸、船對船、岸對船之遇險─緊急─安全之無線電話，包括搜救與救助(SAR)現場救難船與遇難船通話，屬 J3E 種類。於 1999/2/1 廢除守值頻道。

   (5) 2177 KHz：船台⇔岸台（國際）一般用途 DSC 接收頻率；

      船台⇔船台一般用途 DSC 接收／發送頻率。

   (6) 2187.5 KHz：用於船對岸、船對船及岸對船遇險─緊急─安全之警報及數位選擇呼叫(DSC)，屬 F1B 種類。

(7) 2189.5 KHz：船台→岸台（國際）一般用途數位選擇呼叫(DSC)之發送頻率；中頻之安全訊息廣播頻率。

(8) 3023 KHz：搜救與救助(SAR)現場通話（船台⇔飛機）。

2. 高頻 HF：適合水上業務使用，為長距離通信頻率。

(1) 4125 KHz：遇險─緊急─安全電話，包括搜救與救助(SAR)（船台⇔飛機），屬 J3E 種類。

(2) 4207.5 KHz：遇險─緊急─安全之數位選擇呼叫(DSC)，屬 J2B 種類。

(3) 4209.5 KHz：本國文航行警告電傳(NAVTEX)型式之海事安全資訊(MSI)。

(4) 4210.0 KHz：窄頻帶直接印字(NBDP)型式之海事安全資訊(MSI)。

(5) 8414.5 KHz：遇險─緊急─安全之數位選擇呼叫(DSC)，及救生艇遇險─緊急─安全之數位選擇呼叫(DSC)。

(6) 8364.0 KHz：救生艇電報。

3. 特高頻 VHF：天線短適合作中短距離通信，主要供近海無線電話使用。

(1) 121.5 MHz：國際衛星輔助搜救系統之 EPIRB 定位（無全球涵蓋），搜救與救助(SAR) 現場通話（VHF 緊急通訊收發機；救生艇⇔飛機）。

(2) 123.1 MHz：搜救與救助(SAR)現場協調通話（VHF 緊急通訊收發機；船⇔飛機）。

(3) 156.3 MHz (CH 06)：搜救與救助(SAR)現場通話（船橋⇔船橋）。

(4) 156.525 MHz (CH 70)：遇險─緊急─安全及一般之 DSC；特高頻 EPIRB。

(5) 156.6 MHz (CH 12)：和 CH 14 多為港口業務使用。

(6) 156.650 MHz (CH 13)：船⇔船之航行安全及港口通訊。

(7) 156.7 MHz (CH 14)：港口通訊。

(8) 156.775 MHz (CH 75)：CH 16 的護衛頻率。

(9) 156.8 MHz (CH 16)：遇險─緊急─安全電話；搜救與救助(SAR)現場通話；救生艇 VHF；特高頻安全信息；一般初始呼叫。

(10) 156.825 MHz ( CH 76)：CH 16 的護衛頻率。

(11) 243 MHz：軍用之衛星 EPIRB。

4. 衛星與雷達

(1) 406 MHz：國際衛星輔助搜救系統衛星之 EPIRB 定位；提供全球涵蓋。

(2) 1.5 GHz：INMARSAT–E 國際海事衛星之遇險警示使用，衛星→地面。

(3) 1.6 GHz：INMARSAT–E 國際海事衛星之遇險警示使用，地面→衛星；
L- Band 之 EPIRB 頻率。

(4) 4 GHz：衛星對海岸地面台(Coast Earth Stations, CES)發送信息之頻率。

(5) 6 GHz：海岸地面台(CES)對衛星發送信息之頻率。

(6) 9 GHz：雷達詢答機(SART)，使用 X-Band 三公分雷達。

**MEMO**

# 03
CHAPTER

# 無線電作業通訊

## 3.1　數位選擇呼叫碼

　　所有船舶電台皆有其特定之海上行動業務識別碼(Maritime Mobil Service Identities, MMSI)，能獨特識別各類站台，包含船舶電台、船舶衛星地面站、海岸電台、海岸衛星地面電台、以及群呼的唯一識別碼。

　　每一艘船舶從開始建造到船舶使用結束解體，給予一個全球唯一的 MMSI 碼，可識別海上行動業務的身分，並且當船舶在海上遇險時，通過 MMSI 碼，可以迅速查找船舶資料及其所屬公司信息，以便組織搜救。因此，設置 MMSI 對於提高船舶海上遇險搜救效率、保障船舶航行安全具有重大意義。

　　MMSI 由 9 個代碼所組成，可識別四種海上移動業務：

- MIDXXXXXX—船台
- 0MIDXXXXX—船台群組
- 00MIDXXXX—海岸電台
- 00MIDXXXX—海岸電台群組

　　其中 X 為 0~9 之任何數字。MID 為海事識別碼(Maritime Identity Digits)，以 2~7 的數字表示不同區域：

　　2—歐洲，3—北美洲，4—亞洲（不包括東南亞），5—澳大利亞和東南亞，6—非洲，7—南美洲。

　　臺灣之 MID 為 416。

## 3.2　VHF 數位選擇呼叫

　　特高頻(Very High Frequency, VHF)無線電波傳輸方式直接由發射機之天線傳遞至接收機，適於短距離通信，通話距離受大氣效應、地形、地物及天線高度等影響，在海上通話距離大約為 20~50 浬，使用於 A1 海域。船舶在進出港操船時，或是在港內外繫泊或拋錨期間，都可以利用 VHF 無線電話系統聯絡。

並可和救援單位、海岸電台、港務電台、領港站、海岸防衛隊等單位迅速聯繫，有效增進航行安全。

特高頻 VHF 使用頻率約在 30M~300MHz，波長為 1~10 公尺，電波以直線方式傳遞，其雖為直線波，依然存有繞射特性，若遇到障礙物阻隔時，如防坡堤、島嶼等。電波會繞過障礙物，偏離原來直線傳播路徑，而產生繞射現象。

特高頻 VHF 國際通用頻道為 01~28、60~88，共計 56 個頻道，包含：

## 1. 遇險、緊急、安全通訊及呼叫

第 16 頻道為緊急、遇險、安全通訊及呼叫頻道。因此，應儘量減少占用第16 頻道並保持守聽，以利隨時應答岸台呼叫。

## 2. 港口通訊

使用於船舶進出港時，和岸台及港埠通信，交換有關航行安全信文及各項港口交通狀況之通訊頻道。

## 3. 民用（公眾）通訊

經由岸台轉換，連接船舶與陸上有線電話用戶通訊，包括有關船舶營運管理及船舶安全等之通信。

## 4. 船台間通訊

船與船之間相互通訊及交換訊息之頻道，無須經由岸台的轉換。

## 5. 本國漁船呼叫

漁船與岸台間之呼叫及應答頻道，為第 07 頻道。

在海上使用 VHF 與岸台聯絡時，須依岸台指示轉換通訊頻道，而與其他船舶通訊時，需在規定之頻道中轉換，不可在第 16 頻道進行一般通話作業。VHF常用之無線電話通信分類示於表 3.1[9]。所有 GMDSS 船舶必須裝設數位選擇呼叫(DSC)做為遇險—緊急—安全之呼叫頻道。

 表 3.1　VHF 無線電話通信分類

| 通訊種類 | 使用頻道(Channel) |
|---|---|
| 遇險、緊急、安全通訊及呼叫 | 16 |
| 港口通訊 | 12、14、11、13、09、68、71、74、10、67、69、73、17 |
| 民用（公眾）通訊 | 26、27、25、24、23、28、04、01、03、02、05、65 |
| 船台間通訊 | 06、08、10、13、09、72、73、69、67、77、15、17 |
| 本國漁船呼叫 | 07 |

下列範例 3.1~範例 3.4 為使用 TRANSAS SAILOR–5000 操作 VHF DSC。

範例　3.1

啟動 VHF 電台，調整音量和靜噪，選擇 77 頻道。

 STEP 1

長按大旋鈕中間之電源開關，此為 ON / OFF 切換鍵；大旋鈕為音量旋鈕，向右調整音量加大，反之則音量變小。

**STEP 2**

靜噪旋鈕可調整靜噪靈敏度，靜噪設置為旋鈕。調整靜噪為 VHF 重要之開機程序，先將雜音轉至最大聲，即[SQ]先向左轉，再慢慢向右調整至「剛好」無雜音，以維持較佳之通訊品質。

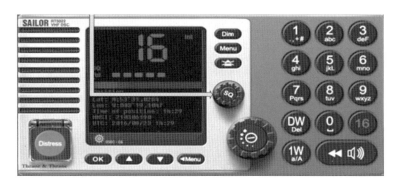

**STEP 3**

使用數字鍵，輸入頻道 77，顯示器上隨即顯示所需的頻道。另外前述之音量設置[Vol]和靜噪設置[SQ]，亦示於顯示器之左方。

**範例 3.2**

回放接收的語音數據。

**STEP 1**

按住重播按鈕，螢幕上會顯示更新計數器，確定需要多少秒的記錄數據進行回放。注意：回放是設備內置的一項功能，允許回放最近 90 秒接收到的語音數據。若達到 90 秒的貯存極限，最舊的數據會被最新的傳輸數據覆蓋。

放開重播鈕,則重播功能開始重播任何頻道上接收到的最後 XX 秒鐘數據,(本例為 20 秒鐘)。回放過程中顯示接收到的流量的時間和頻道。在斷電情況下,錄製的語音數據將無法存留。

### 範例 3.3

使用 12 頻道進行 DSC 安全呼叫海岸電台(Lyngby Radio)。

**STEP** 按[Menu]啟動主功能選單。

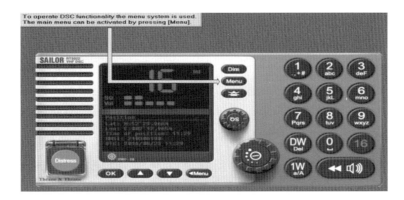

 **STEP** 按[OK]選擇(DSC Call)反白該選項。

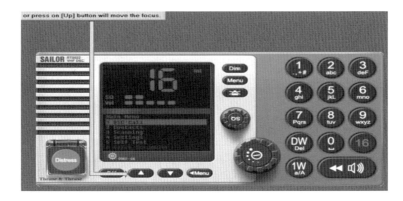

 **STEP** 選擇「Emergency」緊急─可使用[▲]和[▼]按鈕,或按數字鍵選擇相應數字[4]號的選項,並按[OK]接受。

使用數字鍵[3]選擇(Compose Safety)，或使用[▲]和[▼]按鈕，接著按[OK]接受。

使用數字鍵[2]選擇個人(Individual)，接著按[OK]選擇(RT Announcement)。

現在可以輸入 Lyngby 電台的 MMSI 號碼，若不知道 MMSI 號碼，可使用數字鍵[2]選擇「Search for Contacts」查詢。

STEP

使用[▲]和[▼]按鈕，選擇「Lyngby」，並按[OK]確定選擇的電台。

STEP

輸入工作頻道（頻道 12 為例），對 Lyngby 電台，按[OK]發送呼叫。

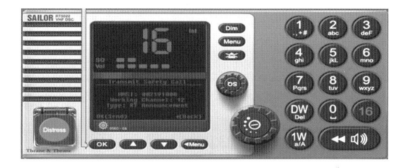

STEP

等待電台確認後，準備通過頻道 12 開始進行無線電安全通信。

範例　3.4

準備和發送 DSC 遇險呼叫—「沉船」。

按[Menu]啟動主功能選單。

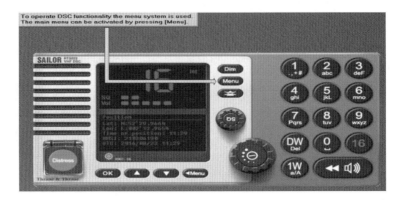

選單項目中以[▲]或[▼]選擇項目,選到的選項以反白呈現。

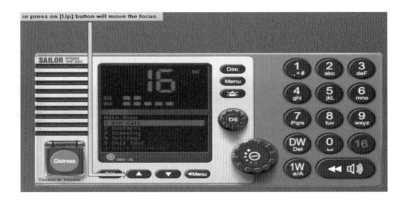

選擇[DSC CALL],並按[OK]。

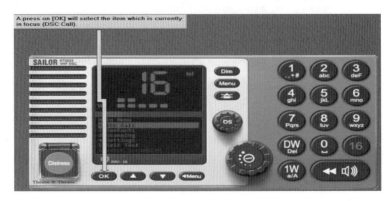

可啟動所有類型的 DSC 呼叫。

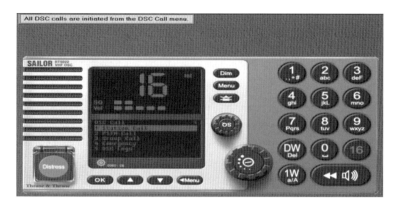

選擇「Emergency」緊急—可使用[▲]和[▼]按鈕，或按數字鍵選擇相應數字[4]號的選項。

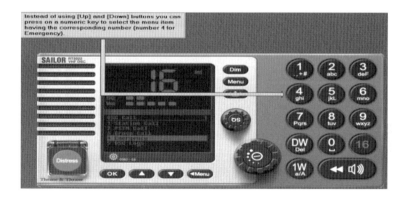

選擇[Compose Distress]編輯遇險，按[OK]進入遇險種類選單。

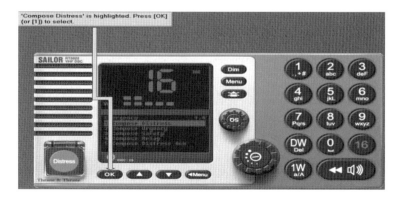

按數字鍵[6]選擇「Sinking」沉船。（註*）

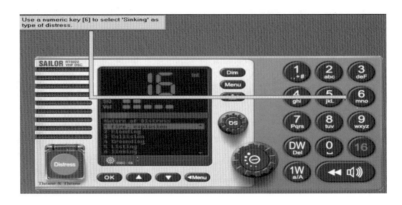

此時位置和 UTC 時間會自動從由 GPS 接收機提供。

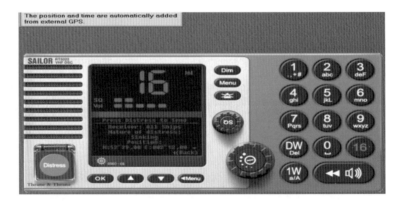

按住[Distress]鍵 5 秒鐘，發送遇險訊號。

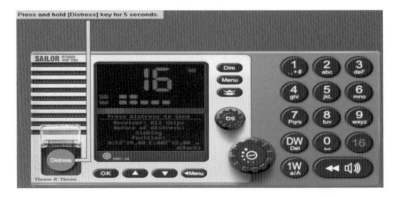

**10** 當遇險信號被他船確認接收，按[OK]接受開始遇險 Mayday 程序。

**STEP**

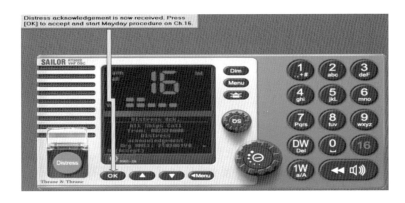

註*： 遇險呼叫所描述的情況包含：火災／爆炸—Fire/Explosion，浸水—Flooding，碰撞
　　 —Collision，擱淺—Grounding，傾側—Listing，沉船—Sinking，操縱失靈—
　　 Disabled，棄船—Abandoning，海盜攻擊—Piracy，人員落水—MOB。

## 3.3  MF/HF 數位選擇呼叫

　　中頻(Medium Frequency, MF)無線電的頻率範圍是 300K~3MHz，通信範圍
約在 100~150 浬，在 GMDSS 的系統中，屬於中距離通信。採用 A3E、H3E、
R3E 和 J3E 的發射方式。MF 頻道區分為兩大類別：

### 1. 遇險、緊急、安全通訊及呼叫

　　中頻(MF)以 2182KHz 作為遇險、緊急、安全通訊及呼叫其他電台之
用，包括搜救之協調功能及現場指揮通信。若為一般呼叫，建立通信後，
需立即轉至其他工作頻道，但是遇險、緊急、安全信文仍然可以在
2182KHz 繼續發送，使用時須注意避免長時間占用 2182KHz 頻道。

### 2. 工作頻道

　　一般而言，船台與岸台通訊，工作頻道大多由岸台指定。若船台呼叫
船台，工作頻道則多由呼叫船台指定，並在雙方同意後，始可於約定的工
作頻道上進行通信。

圖 3.1 為岸台對船台通訊型態之示意圖。

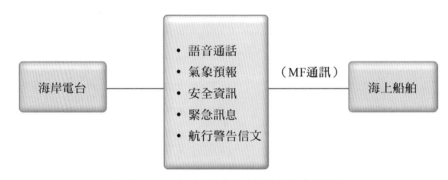

- 語音通話
- 氣象預報
- 安全資訊
- 緊急訊息
- 航行警告信文

（MF通訊）

海岸電台　　　　　　　　　　　　　　　海上船舶

▶ 圖 3.1　船台對岸台傳送之資料型態

　　高頻(High Frequency, HF)無線電的頻率範圍是 3M~30MHz，在 GMDSS 的系統中，屬於遠距離通信。高頻傳播主要是靠天波，發射方式僅 R3E 和 J3E 兩種。遇險警報與安全呼叫主要是採行數位選擇呼叫(DSC)之方式，在 4、6、8、12 及 16 MHz 頻率上進行。海岸電台(CES)可視需求選擇其一作為中繼警報傳輸。

　　下列範例 3.5 和 3.7 為使用 TRANSAS SAILOR–5000 操作 MF/HF DSC。

**範例 3.5**

　　MF-HF DSC SAILOR CU5100 自我測試。

**1**

**STEP**

等待 MF / HF DSC 備便後，按[Menu]啟動主功能選單。

**STEP** 使用[▲]/[▼]鍵，選擇「InfoTest」資訊測試，並按[OK]接受。

 **STEP** 按[2]選擇「Check」檢查，接著按[3]選擇「Selftest」自我測試。

 **STEP** 所有測試將自動依序進行，直到最後測試完成或顯示錯誤信息。在測試程序後，會顯示測試號碼及名稱。

使用者可以選擇繼續測試發射器，並將功率傳送到天線。按
[CONTINUE]繼續自檢。

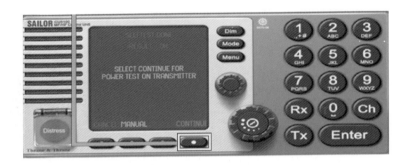

用戶可以選擇測試頻率，按[Test Tx]進行發射測試。

按[CANCEL]返回主畫面。

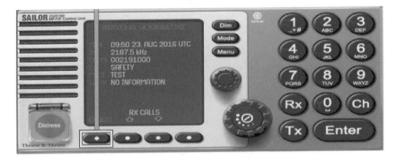

範例　3.6

在 2187.5 kHz 發送 DSC 測試呼叫 Lyngby 電台。

**STEP 1**

等待 MF / HF DSC 備便後，按[Menu]啟動主功能選單。

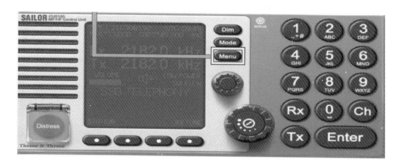

**STEP 2**

按[OK]選擇 DSC 選單，其內包括特殊類別和通話控制。

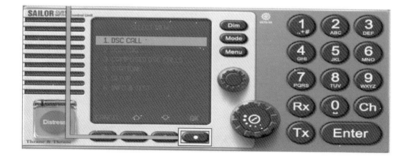

**STEP 3**

按[7]（或使用[▲]/[▼]箭頭鍵）選擇「Test call」做測試呼叫。

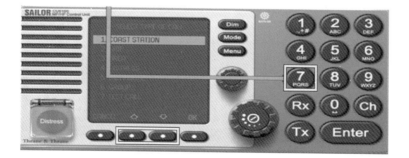

**STEP 4**

按[2]選擇「Coast Station Test call」作海岸電台測試呼叫。

**STEP 5**

輸入 Lyngby 電台的 MMSI 號碼(002191000)，並按[OK]確定接收。

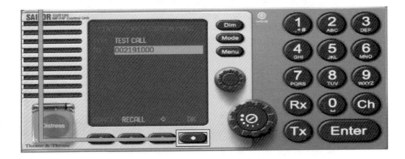

**STEP 6**

DSC 默認顯示頻率 2187.5 千赫，按[OK]選擇此頻率。

**STEP** 按[SEND]發送傳輸預備的 DSC 測試呼叫到 Lyngby 電台。

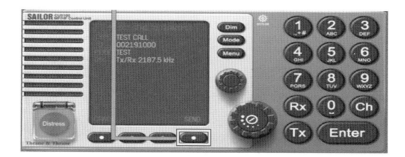

 **STEP** 等待 DSC 確認。

 **STEP** DSC 確認被接收後。按[VIEW]查看內容。

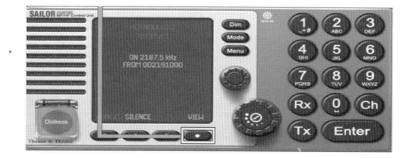

按[CANCEL]返回主畫面。

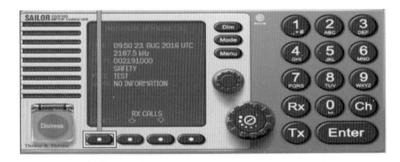

範例 3.7

發送 2187.5 KHz 的求救信號—「浸水」。

按[Menu]啟動主功能選單。

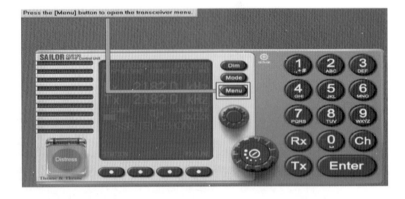

按[1]（或使用[▲] / [▼]箭頭鍵），選擇[DSC CALL]，並按[OK]。

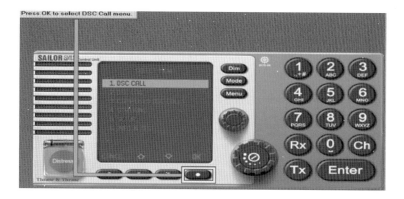

此選單包含各式呼叫，包括特殊類別和通話控制。

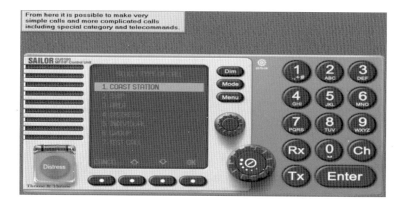

按數字鍵[4]選擇「Distress」遇險呼叫。

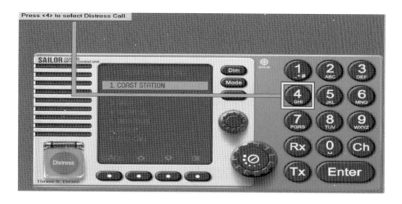

按數字鍵[1]選擇「Alert」警報。

按[OK]確定接受 SSB 電話模式通信。(註＊)

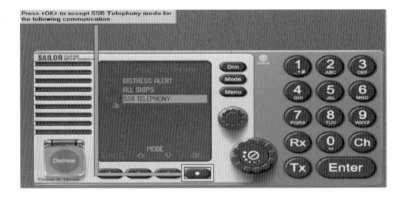

長按[▲]選擇「Flooding」浸水。

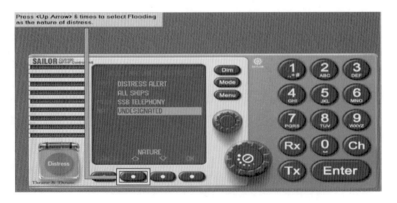

按[OK]確定所選擇的遇險性質。

按[OK]確認由 GPS 所獲得的位置和時間。

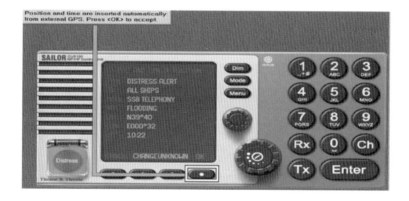

按[OK]確定接受 DSC 由 2187.5 KHz 傳送。

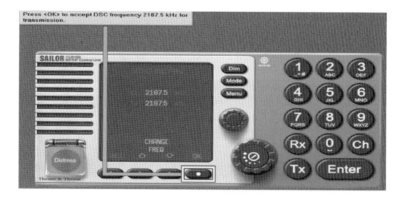

開起上蓋，按住[Distress]鍵 3 秒鐘，發送遇險訊號。

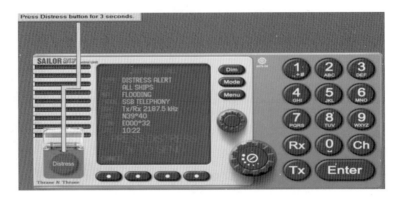

等待回應。遇險呼叫會在同一頻率自動重複，直到確認被接收。

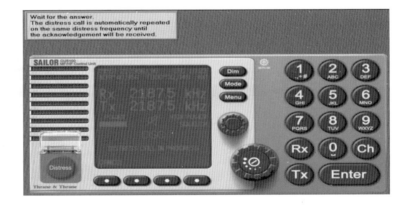

確認被接收後，按下[VIEW]查看。

**STEP 14** 按下[CONNECT]切換連接到 2182KHz，並啟動 Mayday 遇險呼叫程序。

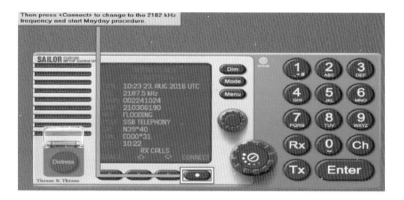

 **STEP 15** MF/HF 現為連接[CONNECT]模式。

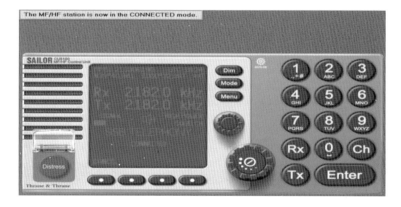

 **STEP 16** 按[CANCEL]，即可返回正常模式。

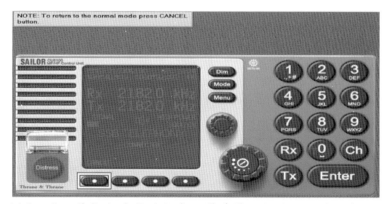

註＊： SSB(Single-sideband)：係指無線電通信中之單邊帶調幅技術，更加有效的利用電能和頻寬，避免將能量浪費在載波上，可做為長距離無線電通訊。

## 3.4 信文傳送類別

在 GMDSS 的通訊系統中，可使用 VHF、MF、HF，和衛星通訊方式，傳送及接收遇險和安全信文，其層級分為遇險、緊急、安全及一般信號，如表 3.2 所示。

表 3.2　GMDSS 信文類別

| 層級 | 信號 | 使用時機 |
|------|------|----------|
| 遇險 (Distress) | MAYDAY | 表示船舶正遭受到嚴重的危險，並請求立即的援助。 |
| 緊急 (Urgency) | PAN PAN | 表示發送船（台）有著關於船舶或人命安全的緊急訊息傳送。 |
| 安全 (Safety) | SECURITE | 表示發送船（台）將要傳送一個包含重要航行或氣象警告的訊息。 |
| 一般 (Routine) | | 船台間或船台至岸台間之一般通訊。 |

### 3.4.1　遇險信文傳送

在遇險狀況時，通話應盡可能清晰緩慢，並確切的表明遇險情況。遇險呼叫絕對優於其他信文的傳送，電台接收到此信文因先停止其他電信業務，並持續守聽該遇險頻道。茲簡述如下信文：

1. 遇險呼叫(Distress Call)，包含了單字 MAYDAY，發送訊息應包含：

   (1) MAYDAY

   (2) 遇險移動台的名字

   (3) 詳細位置

   (4) 遇險性質與需要何種援助

   (5) 任何其他有助於救援行動的訊息

> 範例 ➡
>
> MAYDAY MAYDAY MAYDAY
> THIS IS LIMA Callsign GWAP
> In position 28 degrees 12 decimal 5 north 120 degrees 10 decimal 5 west
> at time 0900UTC.
> My engine room is on fire.
> I require immediate fire fighting tugs and medical assistance.
> I have 20 POB, 2 person injuries wind SW visibility 12NM.

2. 遇險訊息的確認(Distress Acknowledgement)包含：

    (1) MAYDAY

    (2) 遇險移動台的名字三次

    (3) THIS IS

    (4) 接收確認電台的呼叫碼三次

    (5) RECEIVED MAYDAY

> 範例 ➡
>
> MAYDAY
> Turid Knutsen Turid Knutsen Turid Knutsen Callsign LAQH4
> THIS IS Albert Ross Albert Ross Albert Ross Callsign GULL
> RECEIVED MAYDAY

3. 遇險電台或指揮管制通訊之電台，可以強制請求所有電台或某個電台保持
    靜默：

> 範例 ➡
>
> MAYDAY
> ALL STATIONS ALL STATIONS ALL STATIONS
> SEELONCE MAYDAY

4. 遇險電台或指揮管制通訊之電台，於不需要完全之靜默時，可發出訊息重新開始有限制之運作：

---

**範例**

    MAYDAY

    ALL STATIONS(3X)

    THIS IS Albert Ross Albert Ross Albert Ross Callsign GULL

    TIME 1130UTC

    Turid Knutsen Callsign LAQH4

    PRU-DONCE

---

5. 遇險電台或指揮管制通訊之電台，於不需要完全之靜默時，表示正當的運作可以重新開始：

---

**範例**

    MAYDAY

    ALL STATIONS(3X)

    THIS IS Albert Ross Albert Ross Albert Ross Callsign GUTO

    TIME 1230UTC

    LIMA Callsign GWAP

    SEELONCE FEENEE

---

(1) 遇險中繼轉發，當移動電台或衛星移動業務電台獲悉，另一個移動電台在遇險中（例如，通過無線電呼叫或親眼看見），在下列情況之一的情形下，應發起或中繼傳送其遇險示警或遇險呼叫。

(2) 收到遇險報警或遇險呼叫，而非遇險電台的位置並不在應給予援助的海域範圍內，或無法提供援助，但又遲遲聽不到遇險確認，如超過五分鐘還未被任何海岸台或其他船舶台確認收悉的情況下。

(3) 當非遇險電台恰處於應傳送遇險訊息的位置時。

(4) 在得知遇險移動電台，因任何原因不能或無法進行遇險通信，非遇險電台的船長認為需要提供進一步的幫助時。

　　為了避免做出不必要的，或混亂的傳送回應，船舶電台，當接收到來自遠距之外的遇險報警，應讓近處的岸台去確認遇險訊息，但應持續守聽是否有後續的遇險訊息發送；如該遇險警報，未在五分鐘內由海岸電台確認，則應視狀況中繼轉該發遇險警報，但僅轉發給一個適當的海岸電台。

---

**範例 ➡**

MAYDAY RELAY MAYDAY RELAY MAYDAY RELAY

THIS IS Albert Ross Albert Ross Albert Ross Callsign GUTO

MAYDAY RELAY

FOLLOWING RECEIVED FROM LIMA Callsign GWAP on 2182 KHz.

At time 0930UTC, BEGINS.

*MAYDAY MAYDAY MAYDAY*

*THIS IS LIMA LIMA　　LIMA Callsign GWAP*

*In position 28 degrees 12 decimal 5 north 32 degrees 25 decimal 5 west*

*at time 0900UTC*

*I have fire in my engine room*

*I require immediate fire fighting tugs and medical assistance*

*I have 25 POB, 2 person injuries wind SW visibility 12NM*

OVER

---

## ▶ 3.4.2　緊急信文傳送

　　緊急呼叫可對所有電台或特定電台作傳送，信文應包含 PAN PAN 字組，當緊急信號已經被優先傳送給所有電台，某採取行動的電台在知道這個行動不再需要時，有責任取消此緊急訊息。

> **範例 ➡**
>
> PAN PAN PAN PAN PAN PAN
>
> ALL STATIONS ALL STATIONS ALL STATIONS
>
> THIS IS Brunita Brunita Brunita Callsign LKFE
>
> Man over board in position 55 degrees 10 minutes north, 022 degrees 10 minutes east. At time 1015 UTC.
>
> Ships in vicinity are asked to keep sharp look out.
>
> Any sighting, report to Brunita on 2182 KHz
>
> Date and Time 181030 UTC.
>
> Master Brunita LKFE,
>
> OVER.

若構成此緊急之情況已消失，則需取消 PAN PAN 訊息。

> **範例 ➡**
>
> ALL STATIONS ALL STATIONS ALL STATIONS
>
> THIS IS Brunita Brunita Brunita Callsign LKFE
>
> Please **cancel** my PAN message of 181030 UTC.
>
> The person has been found and is in good shape.
>
> Thank you for your cooperation.
>
> Date and Time 181130 UTC.
>
> This is Brunita LKFE,
>
> OVER AND OUT.

### ▶ 3.4.3 安全信文傳送

安全信號和呼叫，通常在遇險頻率上傳送，VHF 為頻道 16，MF 則為 2182KHz。信文須包含單字 SECURITE。

範例 ➡

SECURITE SECURITE SECURITE

ALL SHIPS ALL SHIPS ALL SHIPS

THIS IS

BODOE RADIO BODOE RADIO BODOE.

GALE WARNING

LISTEN TO MY WORKING FREQUENCIES 1770 AND 1659 KHz.

MEMO

# 04

**CHAPTER**

# 衛星系統

## 4.1 🛰 衛星的基本分類

　　衛星通訊利用人造衛星作為中繼站轉發無線電信號,在兩個或多個地球站之間進行通信,其為 GMDSS 中極其重要之服務項目。地球衛星軌道依高度不同可以分為四種類型:

1. 低軌道衛星(Low Earth Orbit, LEO),距離地球約 3,000 公里以下的軌道。

2. 中高度軌道衛星(Medium Earth Orbit, MEO),距離地球 3,000~30,000 公里的空間。GPS 衛星的軌道高度即屬於中高度軌道衛星。

3. 同步軌道衛星(Geosynchronous Orbit, GEO),距離地球約 30,000~40,000 公里之間的空間。國際海事衛星(International Maritime Satellite, INMARSAT)即為同步軌道衛星。

4. 超高軌道衛星(Very High Orbit, VHO),距離地球約 40,000 公里以外的空間。

　　若依衛星軌道平面與地球赤道平面的夾角,即所謂之傾角來看,可區分為極軌道衛星、傾斜軌道衛星及赤道軌道衛星,如表 4.1 及圖 4.1 所示。

📑 表 4.1　衛星依傾角分類

| 衛星種類 | 與赤道平面夾角(θ) |
|---|---|
| 極軌道衛星 | θ = 90° |
| 傾斜軌道衛星 | 0° < θ < 90° |
| 赤道軌道衛星 | θ = 0° |

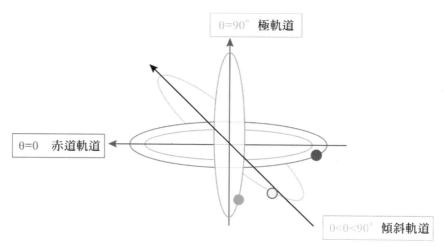

⊙ 圖 4.1 衛星不同傾角之軌道示意圖

衛星通信系統是即時、全天候通信系統,其抗干擾能力強,通信品質高。為有效實現全球通信可利用地球同步軌道衛星,其依圓形軌道繞地球旋轉(軌道偏心率為 0),旋轉方向和地球自轉的方向相同,週期和地球自轉一周所需時間相同為一恆星日。若軌道平面與地球赤道平面夾角為 0°,則無論在地球何處觀察衛星,衛星與地面的位置相對保持不變,則稱之為地球靜止軌道衛星。

## 4.2 國際海事衛星 INMARSAT 架構

### ▶ 4.2.1 INMARSAT 種類

INMARSAT 通信為目前遠距通信的主流,遠洋航行的商船皆需配備 INMARSAT 通信系統,為 A3 海域規定之必要裝備。INMARSAT 之構想最早由 IMO 於 1966 年提出,於 1976 年 9 月 3 日在英國倫敦召開會員大會並通過了《INMARSAT 組織國際公約》,根據公約規定,INMARSAT 組織之主要目的為「提供衛星通信以改善海上一般、遇險及安全通信」。該公約於 1979 年 7 月 16 日正式生效。

自 1982 年 2 月 1 日起,進入商業運行,INMARSAT-A 系統正式開始對航行的船舶提供衛星通信服務,然而該系統已於 2007 年底停用。隨著通信技術由

類比改為數位訊號，於 1991 年增加了 INMARSAT-C 衛星通信，該系統採用數位傳送，體積輕便價格低，但只能提供數據及文字之傳送，並不提供語音通訊服務。國際海事衛星組織從 1993 年增加了 INMARSAT-M，但未被採納使用於 GMDSS 系統中。另於 1994 年新增 INMARSAT-B，該系統已於 2016 年底停止服務。2007 年推出最新的 INMARSAT-F，提供所有船對岸或岸對船的高速通訊，船舶能藉此進行視訊會議、語音、傳真和資訊交換，並可使用加密功能，INMARSAT-F 可望成為未來船舶衛星通訊的主流。INMARSAT 各類系統簡列於表 4.2。

表 4.2　INMARSAT 種類

| 種類 | 功能 | | | | 型態 | 時程 |
| --- | --- | --- | --- | --- | --- | --- |
| | 電話 | 電傳 | 數據 | 視頻 | | |
| INMARSAT-A | ✓ | ✓ | | | 類比 | 1982 年~2007 年 |
| INMARSAT-B | ✓ | ✓ | ✓ | | 數位 | 1994 年~2016 年 |
| INMARSAT-C | | ✓ | ✓ | | 數位 | 1991 年~ |
| INMARSAT-F77 | ✓ | ✓ | ✓ | ✓ | 數位 | 2002 年~ |
| INMARSAT-FBB | ✓ | ✓ | ✓ | ✓ | 數位 | 2008 年~ |
| INMARSAT-M | ✓ | | ✓ | | 數位 | 1993 年~2012 年 |

## ▶ 4.2.2　INMARSAT 架構

INMARSAT 系統主要分為三個部分：

## 一、空間段

四顆同步軌道衛星，與地球表面之距離約為 35700 公里，永遠在地球赤道上空，保持與地球相同之相對位置。除了兩極以外，其全球波束覆蓋範圍由北緯 82°至南緯 82°。四顆衛星覆蓋區域，分別為大西洋西(Atlantic Ocean Region West, AORW)、大西洋東(Atlantic Ocean Region East, AORE)、印度洋(Indian Ocean Region, IOR)、太平洋(Pacific Ocean Region, POR)。如圖 4.2。

為維持系統正常運作，INMARSAT 系統另有 4 顆備用衛星以防止故障發生。隨著用戶端使用需求的增加，INMARSAT 持續發展新一代的衛星系統，以滿足更多的服務，目前每顆衛星可同時且即時的處理 400 通以上電話或數千件自地面台傳送的信文。

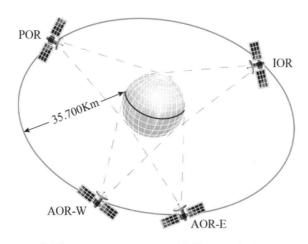

◉ 圖 4.2　INMARSAT 涵蓋區及高度圖

## 二、地面段

設於英國倫敦總部之網路控制中心(Network Operation Center, NOC)，透過各洋區之網路協調中心(Network Coordination Stations, NCS)及海岸地面台(Coast Earth Stations, CES)24 小時作業。海岸地面台可視為 INMARSAT 網路和國際通信網路的閘門(Gateway)，每個 CES 各有其識別碼，設立於世界各地不同的國家，需能提供遇險、電傳和電話服務，通常由大型電信公司負責，提供遠距離的通信業務。而每一個洋區中的 NCS 則負責監控該洋區中船舶地面台(Ship Earth Stations, SES)和海岸地面台間頻道的控制和分配，協調和管理本洋區的通信、發布廣播業務，已確保信文之有效工作，並和 NOC 通信。表 4.3 為各洋區之 NCS 設置站。

📑 表 4.3　INMARSAT 網路協調中心

| AORE | POR | IOR | AORW |
|------|-----|-----|------|
| GOONHILLY, UK.<br>EIK, Norway. | YAMAGUCHI,<br>Japan.<br>SENTOSA,<br>Singapore. | YAMAGUCHI, Japan.<br>SENTOSA,<br>Singapore. | GOONHILLY, UK.<br>EIK, Norway. |

## 三、移動站

　　由用戶端自行負責購買或租用和 INMARSAT 系統進行通信之終端設備，用戶可分為海陸空三大類，與海上移動通信有關者，為船舶地面台(Ship Earth Station, SES)，簡稱船台。每個移動站皆有一個專屬識別碼稱為 IMN(INMARSAT Mobile Number)，INMARSAT-A 共 7 個代碼，其他系統共 9 個代碼。

1. INMARSAT-B/C/M 組成方式為：

   > T　MID　X5 X6 X7　Z8 Z9

   (1) T 表示系統識別碼，INMARSAT-B 代號為 3，INMARSAT-C 代號為 4，INMARSAT-M 代號為 6。
   (2) MID 為海事識別碼，各國以 3 位數字表示，詳見第三章。
   (3) X5 X6 X7 為船舶識別碼。
   (4) Z8 Z9 表示提供服務的性質。

2. INMARSAT Fleet Broadband (FBB)，INMARSAT Fleet 77(F77)之 IMN 由 INMARSAT 組織指配，其 IMN 識別碼為

   > T1 T2 X3 X4 X5 X6 X7 X8 X9

   (1) INMARSAT Fleet Broadband: T1 T2 為 77 或 78。
   (2) INMARSAT Fleet 77: T1 T2 為 60 或 76。

## 4.3  INMARSAT 通訊作業

### ➤ 4.3.1 INMARSAT 通訊類型

第一類型是洋區碼，只要是地球行動台(MES)客戶，都可使用洋區碼。INMARSAT 系統依其衛星覆蓋區域，而有不同之洋區碼，另外所有洋區通用碼電傳及電話分別為 580 和 870。自 2009 年 1 月起，可使用+870 聯絡世界各地 INMARSAT 用戶，870 係不分洋區之單一接入碼，使用市話及行動電話撥打國際航海衛星電話，僅需撥打如：「009＋870＋國際航海衛星電話號碼」（註＊），即可自動搜尋船隻所在洋區，不因船隻所在洋區不同而更換接入碼，提供用戶更為方便的聯絡方式。表 4.4 為 INMARSAT 衛星洋區碼。

📝 **表 4.4　INMARSAT 洋區碼**

| 洋區 ＼ 區碼 | 電傳 | 電話 |
|---|---|---|
| 通用 | 580 | 870 |
| 大西洋東(AORE) | 581 | 871 |
| 太平洋　(POR) | 582 | 872 |
| 印度洋　(IOR) | 583 | 873 |
| 大西洋西(AORW) | 584 | 874 |

（註＊ 009 為中華電信提供之電信業務，各家電信公司提供之業務碼不同）

第二類型是國家碼，區分為電話碼和電傳碼，各國皆有其代碼，例如：臺灣的電話碼是 886，臺灣的電傳碼是 769，並通過海岸地面台完成通訊需求。

電話的發送程序為：

1. 開啟通話設備。

2. 拿起話筒。

3. 當聽到撥號聲後，鍵入二位數碼，若鍵入 00 則代表自動撥號。

4. 接著鍵入國家電話碼或是洋區碼。

5. 接著鍵入用戶所在地區域碼及電話號碼或是地球行動台(MES)號碼。

6. 最後鍵入"#"字鍵，代表電話呼叫的結束。

00 → 國家電話碼 → 區域碼 → 用戶電話碼 → #

00 為自動轉接二位數碼

# 為呼叫結束

範例 4.1

船在太平洋以 INMARSAT FBB 打電話到台北海洋科技大學。

程序 ⋯→

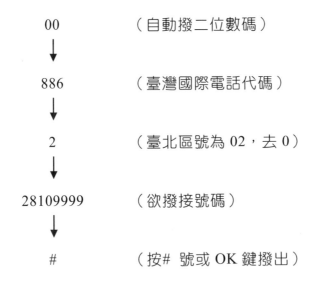

| 00 | （自動撥二位數碼） |
| 886 | （臺灣國際電話代碼） |
| 2 | （臺北區號為 02，去 0） |
| 28109999 | （欲撥接號碼） |
| # | （按# 號或 OK 鍵撥出） |

範例 4.2

　船在太平洋以 INMARSAT FBB 打電話到大西洋東的另一艘船，受話船台 INMARSAT FBB 號碼為 773456789。

程序 ···→

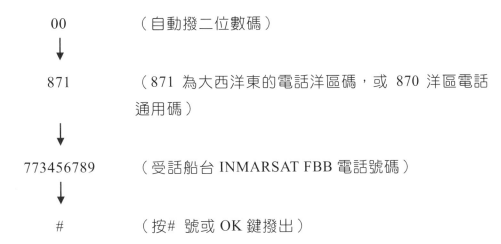

| | |
|---|---|
| 00 | （自動撥二位數碼） |
| ↓ | |
| 871 | （871 為大西洋東的電話洋區碼，或 870 洋區電話通用碼） |
| ↓ | |
| 773456789 | （受話船台 INMARSAT FBB 電話號碼） |
| ↓ | |
| # | （按# 號或 OK 鍵撥出） |

　　電傳的發送程序為：

1. 選擇電傳模式。

2. 等後海岸地面台。

3. 螢幕出現 GA+，即表示已連接上所選的岸台(CES)。

4. 鍵入二位數碼，若鍵入 00 則代表自動撥接。

5. 接著鍵入國家電傳碼或是洋區碼。

6. 接著鍵入用戶的電傳號碼或是地球行動台(MES)號碼。

7. 最後鍵入「＋」字鍵，代表電傳呼叫的結束。

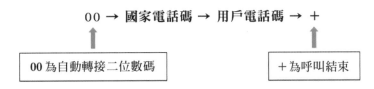

**00 → 國家電話碼 → 用戶電話碼 → ＋**

| 00 為自動轉接二位數碼 | ＋為呼叫結束 |
|---|---|

**範例 4.3**

　　船在太平洋以 INMARSAT FBB 打電傳到臺灣電傳碼為 16899 之用戶。

**程序** ⋯>

00　　　　　　（自動撥二位數碼）

769　　　　　（臺灣國際電傳代碼）

16899　　　　（欲撥接號碼）

+　　　　　　（按+號電傳呼叫程序結束）

**範例 4.4**

　　船在太平洋以 INMARSAT FBB 打電傳到大西洋東的另一艘船，受信船台 INMARSAT FBB 電傳碼為 783456789。

**程序** ⋯>

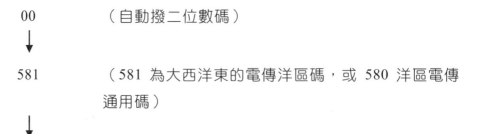

00　　　　　　（自動撥二位數碼）

581　　　　　（581 為大西洋東的電傳洋區碼，或 580 洋區電傳通用碼）

783456789 （受信船台 INMARSAT FBB 電傳號碼）

↓

+ （按+號電傳呼叫程序結束）

## ▶ 4.3.2 常用之數碼業務

INMARSAT 提供二位數碼業務，使用戶端可更快速、簡易的發送訊息。如醫療建議，醫療協助和海事協助等，可使用二位數碼自海岸電台取得相關服務。表 4.5 簡列常用且重要之二位數碼。國際海事衛星組織的所有海事系統(C/F/FBB)都能利用 2 位快撥代碼，以方便信息的發送和接收。

📌 表 4.5　常用之二位數碼

| 數碼 | 服務 | 說明 |
|------|------|------|
| 00 | 自動轉接 | 使用此代碼進行自動電傳呼叫。 |
| 11 | 國際值機人員轉接 | 透過國際值機員轉接，獲取有關服務提供商所在區域的資訊。 |
| 12 | 國際資訊 | 使用此代碼無需透過國際值機員，直接獲取有關服務提供商所在區域的資訊。 |
| 13 | 國內值機人員轉接 | 透過國內值機員轉接，獲取有關服務提供商所在區域的資訊。在沒有國際值機員的國家，使用此代碼而不是代碼 11。 |
| 14 | 國內資訊 | 使用此代碼無需透過國內值機員，直接獲取有關服務提供商所在區域的資訊。 |
| 15 | 無線電報服務 | 該代碼將呼叫者連接到無線電報服務位置，經由電傳發出無線電報。 |
| 17 | 電話預約 | 通過某些地球電台運營商 (Land Earth Station Operators, LESOs) 預訂電話。 |
| 21 | 國際存儲轉發 | 通過儲存和轉發單元(store-and-forward unit, SFU)以進行國際呼叫。 |
| 22 | 國內存儲轉發 | 通過儲存和轉發單元(store-and-forward unit, SFU)以進行國內呼叫。 |
| 24 | 電傳服務 | 通過郵件或其他適當方式，傳遞移動站(mobile earth station, MES)的信息（僅限 Inmarsat-C 使用）。 |

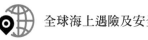

📄 表 4.5 常用之二位數碼（續）

| 數碼 | 服務 | 說明 |
|---|---|---|
| 31 | 海事諮詢 | 此代碼可用於特殊查詢，如船舶位置等。 |
| 32 | 醫療建議 | 使用此代碼獲取醫療建議。有些岸台與當地醫院有直接的聯繫。 |
| 33 | 要求技術協助 | 如果有國際海事衛星終端技術問題，使用此代碼，以獲取技術人員之建議。 |
| 36 | 信用卡電話 | 使用此代碼向信用卡或收費卡收取電傳電話費用。 |
| 38 | 醫療協助 | 如果船上的病患或受傷人員需要上岸或醫生至船上服務，則應使用此代碼。此代碼確保呼叫到適當的代理。 |
| 39 | 海事協助 | 如果船隻需要協助或拖曳或遇到油汙等，應使用此代碼以獲得海事援助。 |
| 41 | 氣象報告 | 氣象觀測船應使用此代碼發送觀測結果。在提供此項服務的大多數情況下，該服務對船舶免費，國家氣象局支付相關費用。 |
| 42 | 航行警告及航行危險 | 此代碼提供了可能危及航行安全的任何危險的資訊，如沉船、漂流物、故障的無線電信標或冰山等。 |
| 43 | 船位報告 | 此代碼提供了一個連接到一個適當的國家或國際中心，收集船舶移動資訊，以利搜索和救援（或其他）目的。 |
| 51 | 氣象預報 | 檢索氣象預報。 |
| 52 | 航行警告 | 檢索航行警告。 |
| 6(x) | 管理專業用途 | 供主管部門用於專門用途。通常用於租用線路等。6 之後的「x」數字是按國家範圍分配，通常不會將同一服務或租用線路分配給多個地球電台運營商(LESO)。 |
| 70 | 數據庫 | 允許地球電台運營商，自動存取其信息檢索數據庫。 |
| 91 | 自動線路測試 | 用於獲取電傳接收器檢查。 |

## ▶ 4.3.3 通訊優先順序

　　無線電通訊規則，不管在何種衛星系統，通話流程均相同，依遇險(Distress)、緊急(Urgency)、安全(Saftey)、例行(Routine)賦予不同之優先權，依序為優先權 3、2、1、0。遇險呼叫在岸端（接收端）都是專線，占線機率極低，主要影響在船對船呼叫，高優先權呼叫，會強行打斷低優先權的通話，進行插話。圖 4.3 為通話順序流程圖。

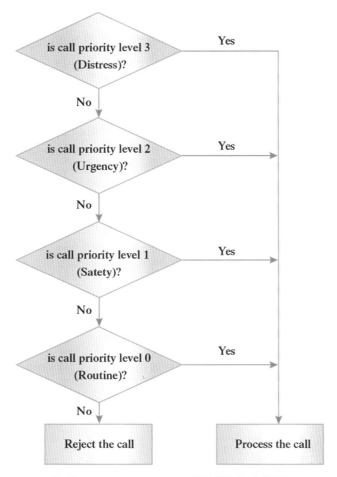

◉ 圖 4.3　INMARSAT 通話順序流程圖

## 4.4 🛰 國際海事衛星 INMARSAT C

　　INMARSAT-C 系統採用數位傳送，以數據形式傳送的信文皆可以傳送和接收，可提供遇險警報，強化群呼(EGC)等業務。

　　INMARSAT-C 並無電話的功能，電傳亦無法即時通信，其通信方法為雙向儲存一傳送信文(store-forward messages)，意即船台(SES)所傳送的信文會先儲存在海岸地面台(CES)，待通訊良好時再行傳送予被呼叫的用戶，故電傳並非即時通訊，另外該系統無語音通訊的功能，僅提供數據及文字之傳送。衛星通信中，INMARSAT-C 可提供較低價位的全球通訊服務，低成本的雙向數據通信網

絡，故非急性的日常性通信文，多以該系統來發送，電子海圖可透過 INMARSAT-C 作最快速之資料更新[*]。([*]專門職業及技術人員航海人員考試)。

INMARSAT-C 的設備包含一個全方位、無方向性的天線，應架設於高處且無障礙物阻擋的環境。若裝設有電子導航設備，如全球衛星定位系統(GPS)，可直接與 INMARSAT-C 終端機連線，方便船位持續更新，若無電子導航設備者，則建議至少每 4 小時手動更新船位一次。

INMARSAT-C 所提供之服務包含[4]：

1. 電傳服務。

2. 電子郵件。

3. 船對岸的傳真服務。

4. 船對船的數據服務。

5. 遇險及安全呼叫及優先信文服務。

6. 強化群體呼叫(EGC)服務。
   ──安全網路(SAFETYNET)
   ──船隊網路(FLEETNET)

範例 4.5 為使用 TRANSAS SAILOR–5000 操作 INMARSAT-C 遇險警告之傳送程序。

 範例 4.5

船位 45N，05W，航向 110 度，航速 14 節。船舶正在碰撞。通過 Goonhilly CES 發送求救電話。

**STEP**

等待備便及登錄過程完成。

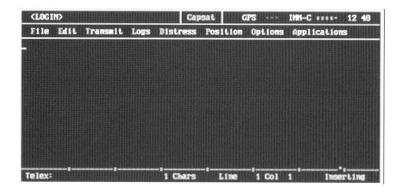

**STEP**

登錄完成後，按[ESC]繼續。（注意 GPS 是否連線）。

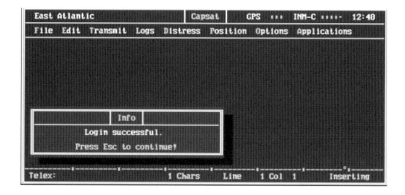

**STEP**

通過遇險選單設置遇險信息，按[ALT+D]打開遇險視窗，選擇遇險警報設置[Distress Alert settings...]，按[ENTER]打開設置遇險警報視窗，可指定當地站台、船位和遇險求救的類型。

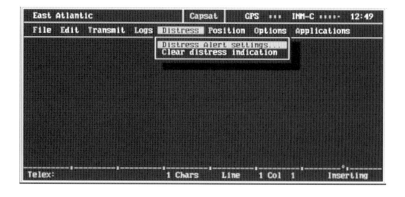

**STEP** 4　按[空格鍵]獲取電台列表。

**STEP** 5　選擇遇險的當地電台。

**STEP** 6　當前船位，航向和船速從內部（或外部）GPS 自動插入。

**7** 選擇遇險性質－碰撞(Collision)。

**STEP**

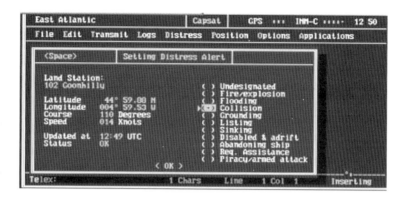

**8** 離開遇險選單時，會跳出警告視窗，**注意**並不是在遇險選單中發送遇
險警報，發送過程尚未完成。按任一鍵關閉警告視窗。

**STEP**

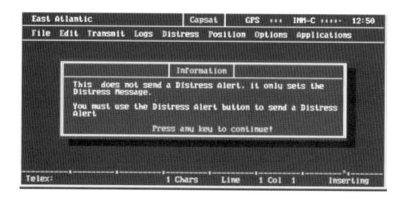

**9** 按[Change view]按鈕轉換報警面板 TT- 3043CP，打開求救按鈕蓋，按
住求救按鈕至少 5 秒鐘（直到按鈕連續閃爍）。

**STEP**

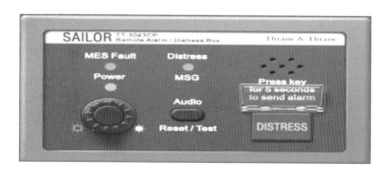

按[Change view]回到螢幕畫面，遇險訊息正在傳輸中，右上方顯示 SOS。

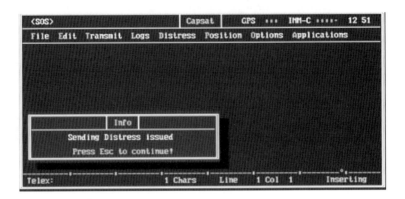

 當收到來自 CES 的確認，按[ESC]刪除信息窗口。

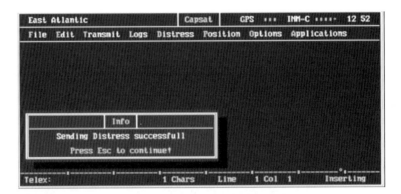

範例 4.6 為使用 TRANSAS SAILOR–5000 操作 INMARSAT-C 設置通訊錄，範例 4.7 則將準備好的信息發送給新的聯絡人。

### 範例 4.6

在通訊錄新增一聯絡目標。

Name: Russjensen　　名稱：Russjensen

Country code: 55　　國家代碼：55

Number: 22249　　編號：22249

**STEP 1**

等待備便直至登錄過程完成，登錄過程完成後按[ESC]繼續。

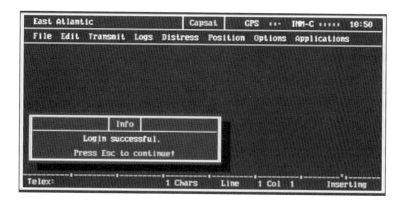

**STEP 2**

按[F3]進入通訊錄視窗，從選單欄按[>]兩次，選擇<New>後按[ENTER]。

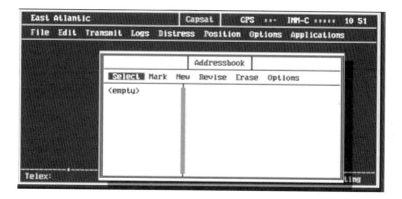

**STEP 3**

輸入新目標(Russjensen)名稱後。

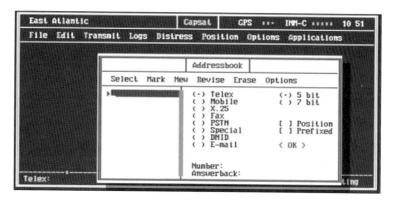

**STEP 4**

按[ENTER]鍵移動至反白號碼欄位。預設目標類型是電報電傳（海岸電傳用戶）。注意：若想要傳送電傳之外的其他種類型，則移動反白顯示至所需的目標類型（按向上／向下箭頭鍵），接著按[空格鍵]標記之。

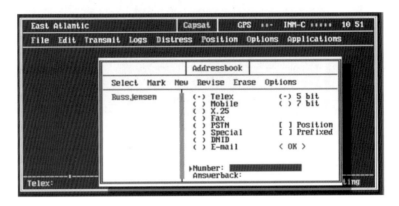

**STEP 5**

輸入國家代碼（55 丹麥）及目的地號碼(22249)，接著按[ENTER]。新的標示在<OK>欄位，按[ENTER]接受新的記錄，按[ESC]即可關閉通訊錄。

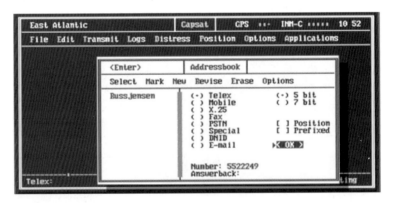

**範例 4.7**

透過通訊錄，將準備發送的信息送給新的聯絡人(Russjensen)，並追蹤所發出的信息狀態。

在控制列上按[Alt]選擇<File>後按[ENTER]，打開 File 選單，反白顯示
<New Telex>新電傳，按[ENTER]鍵準備新的電傳信息。注意：若想在
ASCII 碼準備信息，則按箭頭向下鍵移動到<New ASCII>。

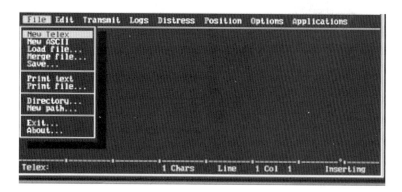

輸入本文信息，完成後按[ALT ＋ F]選擇存放的文件夾位置，將信息保
存在硬碟。輸入文件名稱(Russjan)後按[ENTER]鍵。

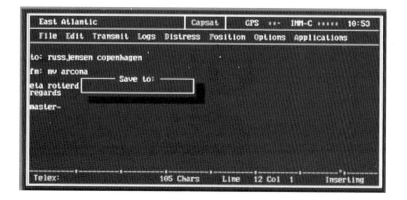

按[ALT ＋ F]開啟傳送視窗，在通訊欄反白標示位置，按空格鍵啟動通
訊錄。

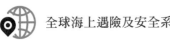

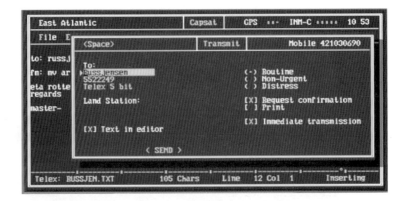

**4** 在所需之目的地反白定位顯示並做挑選。

**STEP**

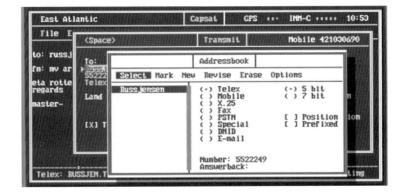

**5** 在「Land Station」上按[空格鍵]來獲取當地的電台列表,在所需的當地電台站標示成反白顯示,接著按[ENTER]鍵。

**STEP**

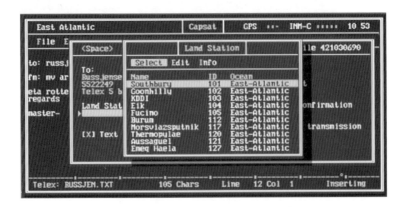

**STEP**

在「Text in Editor」編輯本文欄位的位置反白顯示，按[空格鍵]刪除「X」標誌。接著按[向上／下箭頭]鍵移動反白顯示的文件欄位，並按[空格鍵]做選擇。注意：若呈現「X」標誌，則將發送放置於編輯窗口的本文。

**STEP**

選擇已準備好的「Russjen」消息，接著按[ENTER]鍵。

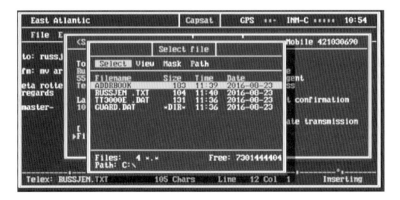

**STEP**

按[ENTER]鍵將反白顯示移動到<SEND>欄位，按[ENTER]鍵再次發送信息。注意：使用[向上／下箭頭]鍵移動反白顯示的優先選擇欄位，[空格鍵]是用來標記或取消欄位。

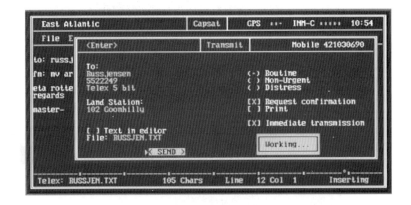

回到本文視窗,按[ALT + L],選擇傳送記錄(Transmit Log),傳送記錄
會自動更新信息傳遞之狀態。注意:狀態分為傳送中(Sending)、確認
請求(Conf Req)、確認失效(Conf Failed)及確認成功(Con OK)。

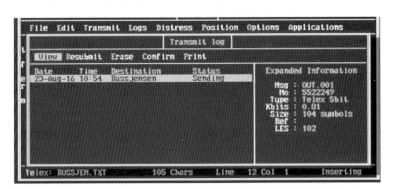

## 4.5  國際海事衛星 INMARSAT Fleet F77

INMARSAT Fleet F 系統於 2002 年推出,因應船舶的大小及天線尺寸,適
用不同的功能,使用上區分為 F33(小型船舶),F55(中型船舶),F77(大型
船舶)。其中 F33 與 F55 僅有電話功能,Fleet F77 已被認可為 GMDSS A3 海域
設備之一。

商船通常使用 F77,該系統架構於 Inmarsat-B 基礎上,由類比信號轉化為
數位信號的通信系統,將所有資訊,例如:語音、文字,圖片等資料,轉換為

數位碼(Digital Code)，再進行傳送，或電腦數據資料直接傳送。INMARSAT Fleet 77 可提供語音通信，移動整合服務數位網路(Mobile Integrated Service Digital Network, ISDN)和移動封包數據服務(Mobile Packet Data Services, MPDS)，傳輸速度至少可達 64Kbps。滿足 GMDSS 的遇險和安全規範，能涵蓋除高緯度外之區域，實現全球通訊的需求。

Fleet F77 通過四個層級語音優先權分級，保證高優先級的遇險和安全需求能得到滿足，其所發送的求救語音通話，會通過地面站(Land Earth Station, LES)自動傳送到海上救援協調中心(Maritime Rescue Co-ordination Centre, MRCC)。

範例 4.8 為使用 TRANSAS SAILOR–5000 操作 INMARSAT-F77 建立新的通訊錄；範例 4.9 撥打安全優先電話；範例 4.10 為遇險訊號傳送之程序。

**範例 4.8**

在通訊錄新增一聯絡目標。
名稱：Transas 公司
電話號碼：0078123253131
短碼：01

STEP 1　按住電源按鈕幾秒鐘，直到綠色 LED 在終端的正面亮起。

等待初始化及電台準備就緒後，按[Menu]鈕進入主選單。

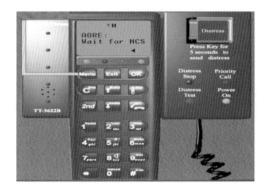

通過上下鍵選擇電話簿選單，按[OK]鈕。

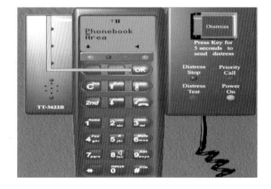

默認情況下，電話簿是空的，其可存入 99 筆通訊資料。按[2nd]鈕建立新資料。注意：每筆資料包含用戶姓名，電話號碼和短代碼，短代碼可用於快速撥號。

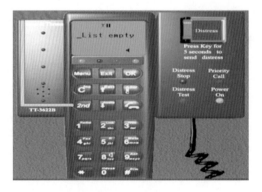

**STEP 5**

接著按[C_Ins]鈕，輸入用戶（Transas 公司）的名稱，並按[OK]鈕接受。

**STEP 6**

鍵入電話號碼(00781 23253131)，並按[OK]鈕接受。

**STEP 7**

鍵入短代碼，例如 01，並按[OK]鈕接受。

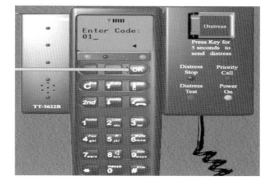

**STEP 8**　現在通訊錄已包含新的通訊資料，按[Exit]鈕即可返回到選單系統之前的層級。注意：若要使用短碼撥打，按[ * ] <短碼> [ # ]，接著再按[ # ]撥打即可。

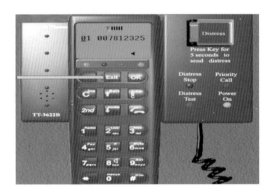

**範例 4.9**

　通過 EIK LES 撥打安全優先電話到海上救援協調中心哥德堡(4631 699050)。

 **STEP 1**　按住電源按鈕幾秒鐘，直到綠色 LED 在終端的正面亮起，並等待初始化及電台準備就緒。啟動海上救援協調中心哥德堡（00-自動連接，46-瑞典國家代碼，31-區號，和 699 050-電話號碼）。按[OK]鈕接受。

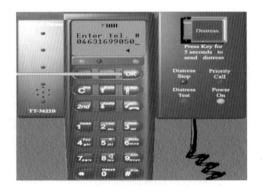

**STEP 2**　使用[向上／向下]鍵選擇安全的優先等級，選擇安全(Safety)等級，按[OK]鈕接受。

**STEP 3**　使用[向上／向下]鍵選擇 LES，按[OK]鈕接受並發起呼叫。

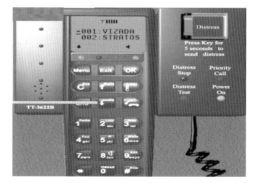

**STEP 4**　畫面會顯示「LES connect」，並且優先呼叫「Priority call」燈亮起。

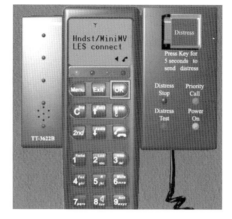

現在，用戶可以和 MRCC 哥德堡交談，按 Hook On 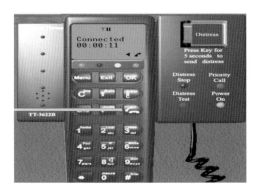 按鈕即可結束通話。

### 範例 4.10

以電話方式發送遇險訊號。

 要啟動求救呼叫，需先打開遇險按鈕蓋，按下遇險[Distress]按鈕。該按鈕將以 1 秒的間隔閃爍，並有蜂鳴聲提醒。

**STEP** 當顯示「選擇 LES」訊息時，使用[向上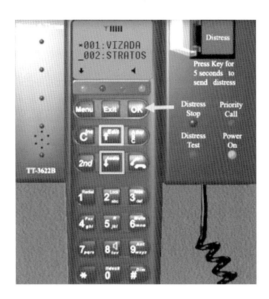／向下]鍵選擇 LES。選擇適當的 LES 後按[OK]按鈕。

 **STEP** 螢幕顯示「遇險－呼叫」(DISTRESS - Callings)。

呼叫將被連接到 RCC，螢幕顯示「遇險－連線」(DISTRESS - Connected)，另外「優先呼叫」(Priority call)顯示燈亮起，用戶即可和 RCC 操作者交談。注意：若 15 秒內沒有選擇 LES，則將通過預先配置的 LES 啟動呼叫。

掛上按鈕結束通話。

## 4.6 　國際海事衛星 INMARSAT Fleet Broadband

　　Fleet Broadband 於 2008 年完成新一代 I-4 衛星和地面網絡布署後，可在全球範圍內(82°N~82°S)提供高品質的語音和更高速、更多頻道的數據傳輸服務。因應船舶的大小及數據速率的不同，區分為 FB150（小型船舶），FB250（中型船舶），FB500（大型船舶）。其中 FB150 提供全球語音，150kbps 的數據服務；FB250 可提供至少 250kbps 的數據速率，實現清晰的語音通話；FB500 為最快速的 Fleet Broadband 服務，提供高達 432kbps 的連接速度和 256kbps 的流速(streaming rates)。

　　Fleet Broadband 可應用於[5]：

1. 船員通訊

2. 檔案傳輸

3. 收發簡訊

4. 視訊會議

5. 電子海圖和天氣更新

6. 遠端連線進行存取工作

7. 安全通訊

8. 撥打電話、傳真

9. 語音信箱

10. 即時通訊

　　船舶和海事部門可藉由 Fleet Broadband 實現傳真、電話、電子郵件、社群媒體等網際網路功能。至關重要的是，Fleet Broadband 可向非 SOLAS 的船舶提供安全服務，以便在緊急情況下，通過按下求救按鈕或直接撥打 505 語音快速優先呼救，立即與海上救援協調中心(MRCC)取得聯繫。圖 4.4 為 INMARSAT 提供之 505 語音快速優先呼救功能，需注意 505 並未納入 GMDSS 標準程序。

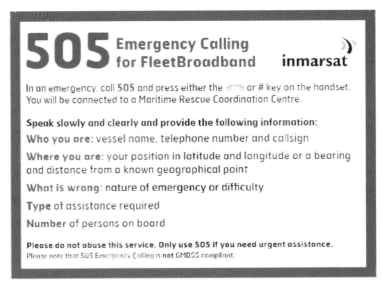

▶ 圖 4.4　INMARSAT 公司提供 505 功能之使用事項

　　範例 4.11 為使用 TRANSAS　SAILOR–5000 操作 INMARSAT-FBB 遇險傳送之程序。

 範例 4.11

以電話方式發送遇險訊號。

STEP

滑鼠移動至右邊圈型標示，會顯示開關按鍵。

**STEP 2** 開機後按下 Change View，輸入 PIN 碼。

Please enter PIN

**PIN:** [　　　　　　　　　　] OK

**STEP 3** 本機備便完成後，撥打遇險訊號 505#，進行遇險通話(Distress)，其中符號#為撥打功能。

**STEP 4** 遇險通話(Distress)完成後，按下掛斷鍵，結束通話。

通話時宜清晰緩慢，並提供：

1. 船名、Callsign、電話號碼

2. 詳細船位（如方位和距離等資訊）

3. 遇險性質

4. 需要何種援助

5. 其他有助於救援行動的訊息（如能見度、風向、POB 等）

## 4.7　衛星輔助搜救系統 COSPAS-SATSAT

Cospas-Sarsat 由加拿大，法國，美國和蘇聯於 1979 年構思和發起，協議組成一國際性衛星輔助搜索和救援系統，其後陸續有包含英國、挪威、瑞典等國加入該項計畫，並於 1988 年，在加拿大蒙特婁設立 COSPAS-SARSAT 總部，為一非營利性，政府間和人道主義的合作組織。旨在配合全球遇險及安全系統，提供免費的衛星收發訊息等服務，給配置在船舶、航空器及個人之緊急無線電示標器使用，並協助全球搜索與救援行動。臺灣於 1992 年加入 COSPAS-SARSAT 成為會員，於臺北松山設置「臺北任務管制中心」(TAMCC)，建立一套與國際相符之設備運作及人員管理措施，與世界各國共同致力搜救行動。

COSPAS-SARSAT 與國際民用航空組織(ICAO)，國際海事組織(IMO)和國際電信聯合會(ITU)等聯合國附屬機構以及其他國際組織合作，確保遇險警報服務提供全球的需求，標準和適用建議。1993 年 8 月 1 日起所有船舶必須安裝符合系統要求之應急指位無線電示標(Emergency Position Indicating Radio Beacon-EPIRB)，COSPAS-SARSAT 已是全球海上遇險安全系統(GMDSS)的一部分。自 1982 年 9 月至 2020 年 12 月期間，COSPAS-SARSAT 系統在 15,563 個 SAR 事件中協助拯救了至少 51,512 人[7]。

COSPAS-SARSAT 主要分為空間段、地面段及移動站三個部分，茲簡述如下：

## 一、空間段

COSPAS-SARSAT 共有 6 顆衛星，3 顆 COSPAS(Space System for Search of Distress Vessel)衛星由蘇俄提供，3 顆 SARSAT (Search and Rescue Satellite-Aided Tracking)由美國提供，另外加拿大、法國則負責研發載具。使用低軌衛星(LEO)運行。組成如表 4.6 所示。

📝 **表 4.6 COSPAS-SARSAT 衛星概況**

| 衛星 | 負責國家 | 高度 | 週期 |
|------|---------|------|------|
| COSPAS | 蘇俄 | 1000 公里 | 1 小時 46 分 |
| SARSAT | 美國 | 850 公里 | 1 小時 42 分 |

低軌衛星出沒之時間非常短，最高不超過 18 分鐘，當飛躍 EPIRB 時，能接收 121.5MHz 及 406MHz 之信號，然後轉送至地球上之 LUT。其中 121.5MHz EPIRB 無儲存資料的能力，衛星僅能做為中繼的轉發器使用，若在傳送衛星的水平線內無當地終端站(LUT)，則信號將會遺失，無法提供全球涵蓋之功能。而 406MHz EPIRB 其脈波重現間隔為 50 秒，並可將數據資料儲存於衛星記憶體內，當衛星與當地終端站互見時，即可傳送數據資料，判斷出 EPIRB 之身分(MMSI)及位置，確保全球皆能收到遇險信號。自 2009 年 2 月 1 日起衛星不再提供 121.5MHz 的偵測服務。

## 二、地面段

由地面終端台(Local User Terminal, LUT)、任務管制中心(Mission Control Center, MCC)及搜救協調中心(Rescue Coordination Center, RCC)所組成。LUT 會將收到信號解碼出海上行動識別碼(MMSI)，並利用都卜勒頻移(Dopper Shift)的方示判斷出 EPIRB 的位置。這些資料再傳送到任務控制中心(MCC)，通常一個 MCC 控制一個至二個 LUT，並與其他 MCC 進行相關資料交換，處理資訊後再傳送給搜救協調中心(RCC)，當 RCC 收到遇險信號時，會設法與遇險船舶通信，訂下搜救計劃及範圍，立即展開搜救工作。

# 三、移動站

依使用者不同區分為：

陸：PLB- Personal Locator Beacon

海：EPIRB- Emergency Position Indicating Radio Beacon

空：ELB- Emergency Local Transmitter

發生緊急情況時，可利用位置示標設備，發出信號，如船舶使用 EPIRB 發出遇險信號，透過 COSPAS-ARSAT 衛星傳送至地面終端台，進行相關救援行動。

COSPAS-SARSAT 系統概念如圖 4.5 所示。

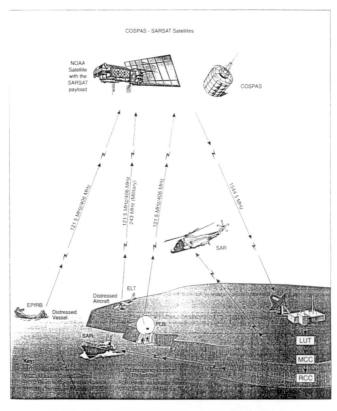

▶ 圖 4.5　COSPAS-SARSAT 概念圖　[8]

# 05 CHAPTER 全球導航衛星系統

## (Global Navigation Satellite System)

## 5.1 導航衛星發展歷程

衛星之運動理論，奠基於克卜勒運動(Kepler's laws)及牛頓力學，全球衛星導航系統(Global Navigation Satellite System, GNSS)，可覆蓋全球，經由衛星廣播至接收機進行解算，提供移動站（如：船舶）經度、緯度、高度和時間結果。國際海上人命安全公約(SOLAS)規定商船需配置 GNSS 接收器或地面無線電導航系統或其他適合在整個預定航程中隨時可使用的定位接收器[14]，以通過自動方式建立和更新正確的船舶位置。

現行船舶定位，主要以全球衛星定位系統(Global Positioning System, GPS)為主，GMDSS 之無線電或通信衛星設備亦多以 GPS 為定位來源，據此本章節以 GPS 全球衛星定位系統為主軸。

1. GPS 衛星發展歷程：

| | |
|---|---|
| 1964 年 10 月 | 美國海軍發展出「航海衛星系統」(Navigation Satellite System, NNSS)，開放民用初期，受限於當時電腦體積及價格，並未受到船舶廣泛使用。但仍為後來之 GPS 系統提供了重要之技術基礎。 |
| 1973 年 | 美國國防部開始研製可使用於陸、海、空載具之導航衛星系統，即全球衛星定位系統(Global Positioning System, GPS)，正式開啟了 GPS 的發展。 |
| 1978 年 2 月 22 日 | 首次發射 GPS 試驗衛星。 |
| 1987 年 | GPS 系統正式引入世界大地測量坐標系統(World Geodetic System- 84, WGS-84)，作為地球橢球體之參考。 |
| 1989 年 2 月 14 日 | 第一顆 GPS 工作衛星發射成功。 |
| 1993 年 12 月 8 日 | 24 顆衛星全面布署完成，此後將根據需求更換失效之衛星。 |
| 2000 年 5 月 1 日 | 美國政府取消 GPS「選擇可用性」干擾(Selective Availability, SA)，至此民用 GPS 定位精度大幅提升。 |
| 2011 年 6 月 | 美國空軍成功擴展 GPS 衛星，原 24 顆工作衛星增加至 27 顆，擴大了系統的覆蓋範圍。 |

2. GLONASS 衛星發展歷程：

| 1982 年 | 首顆 GLONASS 衛星發射成功。 |
|---|---|
| 1996 年 | 完成 GLONASS 衛星航海系統布署，然而受限於俄國經濟因素，該系統並未有完善的維護。 |
| 2001~2010 年 | 俄國政府陸續完成 24 顆 GLONASS 衛星布署，並進行更新工作。 |

3. Galileo 衛星發展歷程：

| 2005 年 12 月 28 日 | 首次發射 Galileo 試驗衛星。 |
|---|---|
| 2011 年 8 月 21 | 第一顆 Galileo 工作衛星發射成功。 |
| 2018 年 | 布建完成 26 顆衛星。 |
| 2020 年 | 共計有 22 顆衛星可提供服務、另有 2 顆在測試中、另 2 顆不可用。 |

4. 北斗衛星(BDS)發展歷程：

| 1994 年 | 中國大陸正式開展北斗一號試驗系統，北斗衛星為同步衛星。 |
|---|---|
| 2007 年 | 完成北斗衛星試驗系統 4 顆衛星的組建。 |
| 2007~2012 年 | 完成北 16 顆北斗衛星系統建設（北斗二號），此階段對亞太地區提供區域型定位服務。 |
| 2015~2020 年 | 北斗三號衛星系統布署完成。 |
| 2020 年 7 月 31 日 | 中國大陸宣布北斗三號系統正式啟用，此階段實現了全球定位功能。 |
| 2020 年 | 開展北斗四號系統，預計於 2035 年完成定位、導航、授時(Positioning, Navigation, and Timing；PNT)全球服務。 |

5. 準天頂衛星(QZSS)發展歷程：

| 2010 年 9 月 11 日 | 首顆衛星發射成功。 |
|---|---|
| 2017 年 | 4 顆準天頂衛星系統布建完成。 |
| 2018 年 11 月 1 日 | 日本宣布 QZSS 正式啟用，主要覆蓋日本，亦擴及東亞、澳洲等地，提供區域型定位服務。 |

6. 印度區域導航衛星系統(IRNSS)發展歷程：

| 2013 年 7 月 1 日 | 首顆 IRNSS 衛星發射成功。 |
| 2016 年 | 完成 7 顆 IRNSS 衛星布建。 |

　　印度政府計畫陸續將完成 11 顆衛星布署，以供在無法取得 GPS 訊號的情況下，依然能利用 IRNSS 提供區域型定位服務。

## 5.2 地球形狀與參數

　　早在二千多年前的周朝，即存有「蓋天說」，即「天圓如張蓋、地方如棋局」，認為天像鍋一樣為半圓形；而地像方形的棋盤是平面的。而後經過不斷的發展和補充，指出天是一個圓球，而不是蓋天說中的半圓，東漢的天文學家張衡所著之《渾天儀注》中寫道：「渾天如雞子，天體圓如彈丸，地如雞中黃，孤居於內，天大而地小天表里有水，天之包地，猶殼之裏黃。天地各乘氣而立,載水而」。據此說法，地球浮在氣中具迴旋浮動，日月星辰則附於「天球」上運行，這與現代天文學的天球概念十分接近。

　　1519~1522 年麥哲倫船隊，實現了環球航行，從而證實了地球為一球體。1687 年牛頓推論出地球是一個扁橢圓球體，扁率為 1:230。之後經過不斷的實測與驗證，至 18 世紀，人類已證實並接受地球為一扁橢圓球體。長軸半徑為 a，短軸半徑為 b，扁率則以 f 表示($f = \dfrac{a-b}{a}$)，如圖 5.1 所示。

⊙ 圖 5.1　地球長短軸示意圖

因基準點、技術…等各項因素，而形成不同之參考橢球體，局部地區可選用與該地區最密合的橢球體為基準，臺灣採用 1980 年國際大地測量學與地球物理學協會(International Union of Geodesy and Geophysics, IUGG)公布之參考橢球體 GRS-80 作為國家座標系統，稱之為 TWD-97。

目前適用於全球且最常用之參考橢球，為美國國防部製圖局(DMA)於 1984 年構建之 WGS84，表 5.1 為 GRS-80 與 WGS-84 之比較。

**表 5.1 參考橢球體**

| 橢球名稱 | 長半軸 a（公尺） | 短半軸 b（公尺） | 扁率的倒數(1/f) |
|---|---|---|---|
| GRS-80 | 6378137 | 6356752.3141 | 298.257222101 |
| WGS-84 | 6378137 | 6356752.3142 | 298.257223563 |

GPS 為全球皆可適用之定位系統，其所採行之參考橢球體為 WGS-84，而國際海事組織(IMO)亦要求各國所發行之海圖需轉換成 WGS-84 系統，或於海圖上標註經緯度之修正值。

## 5.3 全球衛星定位系統 GPS

目前船舶使用最廣泛且最成熟的電子導航設備為全球衛星定位系統(Global Positioning System, GPS)。GMDSS 無論無線電作業或衛星通訊，皆可與 GPS 接收機連線取得船舶位置和 UTC 時間。

美國國防部於 1970 年代開始發展 GPS，提供全球使用者全天候的位置和時間訊息。美國政府自 2000 年 5 月取消 SA(Selective Availability)效應後，大幅提升了 GPS 定位精度，依據國際海事組織典範課程 7.03 (International Maritime Organization Model Course 7.03)要求，電子導航系統為負責當值航行員之必備項目，而 GPS 則為現今船舶電子定位使用最廣泛之工具。

全球衛星定位系統可分為三大部門，分別為：一、太空部門；二、控制部門；三、使用者部門[15]，[16]，如圖 5.2 所示。

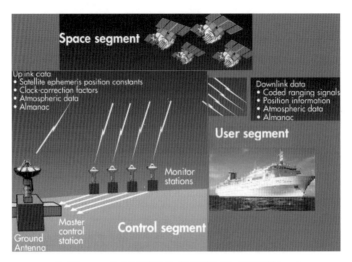

◉ 圖 5.2 全球衛星定位系統組成部門[15]

# 一、太空部門

　　泛指太空中的衛星群，至 2021 年在軌衛星共 31 顆。原方案為將 24 顆衛星分布於互成 120 度的六個圓形軌道面上，每個軌道面上有 4 顆衛星，軌道平面和赤道平面的夾角為 55°，各軌道平面的升交點的赤經相差 60°，衛星軌道的高度為 20200 公里，繞行地球一周約耗時 11 小時 58 分鐘，每個衛星上有兩個銣原子鐘和兩個銫原子鐘，提供精確且穩定之時間。衛星的布局主要在於確保在地球表面上任何地點、任何時刻向上 15°的仰角，隨時可以觀測到 4 到 8 顆的衛星。圖 5.3 為衛星軌道示意圖。

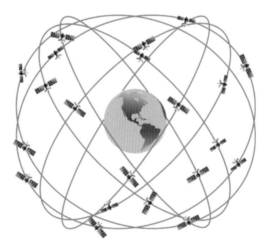

◉ 圖 5.3　GPS 衛星軌道分布示意圖 [17]

　　衛星訊號主要以兩種載波頻率傳送，分別稱之為 L1(1575.42MHz) 和 L2(1227.60MHz)，採用兩種載波頻率主要是為了克服電離層所造成的訊號品質衰弱以及傳送時間的誤差。

　　GPS 的衛星訊號主要分為 C/A(Coarse/Acquisition)碼及 P(Precision)碼，C/A 碼為公開之明碼，開放給全球民間使用的 GPS 衛星信號，調製在 L1 載波上，提供標準定位服務(standard position service)。而 P 碼同時調製在 L1 和 L2 載波上，可消除電離層延遲誤差，定位經度達 0.3m 內，僅開放給美國軍方或特殊用戶使用，提供精確定位服務(precision positioning service)。

## 二、控制部門

　　為有效監控衛星軌道狀況，並適時的修正衛星所傳送的訊號，由一座主控站、三座上傳站和五座監控站構成了控制部門。主控站是地面監控系統的管理中心和技術中心，處理監控站所蒐集到的觀測數據，以計算星曆、衛星鐘的改正參數、GPS 系統時間等等，並在衛星發生故障適時調度備用衛星。上傳站任務為接收由主控站所傳來的導航電文，包含 14 天的衛星星曆、控制參數等上傳至相對應之衛星。監控站負責監控系統工作是否正常，蒐集衛星相關數據，並傳送至主控站以進行導航電文之編算。各站功能如表 5.2 所示。

**表 5.2　GPS 控制部門站台**

| 類別 | 地點 | 功能 |
|---|---|---|
| 主控站 | 美國科羅拉多州空軍基地。 | 根據各地監控站的資料，計算每顆衛星軌道參數和衛星時鐘修正量等，並推算一天以上的衛星星曆和鐘差，將資料傳送至上傳站。 |
| 上傳站 | 太平洋的卡瓦哈林(Kwajalein)群島、印度洋的迪亞哥島(Diego Garcia)和大西洋的亞申島(Ascension)，共 3 座。 | 將衛星星曆、控制參數傳送至各衛星上。衛星上會不斷儲存導航信息，即使主控站不傳送訊息，亦能維持 180 天的預報。 |
| 監控站 | 四座和主控站及上傳站相同，另一座則位於太平洋的夏威夷(Hawaii)，共 5 座。 | 監測衛星並接收衛星的訊號，並傳送至主控站。為了提高監測精度，還在英國、南美洲和澳大利亞等地增設觀測站。 |

## 三、使用者部門

　　使用者分為軍用和民用，軍用採行「精密定位服務」(Preceision Position Service, PPS)，民用則為「標準定位服務」(Standard Position Service, SPS)。使用者部門主要由天線、接收機和顯示器部分所組成，如圖 5.4 為航海用 GPS 天線，接收頻率多為 1575.42MHz。

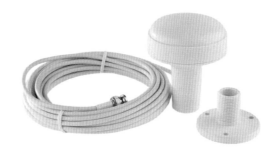

▶ 圖 5.4　船用 GPS 天線 [18]

　　工作模式主要由天線接收衛星的訊號，再經由接收機進行解碼運算，此部分可依使用者的需求設計各樣的處理方式，依其信號接收及處理方式的不同，其構造及價格也相差非常多；最後再由顯示器顯示使用者位置、時間和速度的導航資訊。圖 5.5a 和圖 5.5b 為 TRANSAS SAILOR–5000 所提供之 2 種導航模擬器，其中 TRANSAS T-701 可處理 GLONASS/GPS 兩種訊號源。

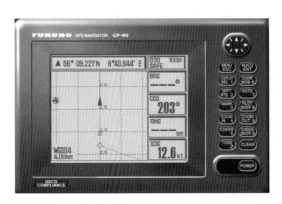

▶ 圖 5.5a　FURUNO GP-90

▶ 圖 5.5b　TRANSAS T-701

## 5.4 GPS 衛星誤差源

GPS 誤差源主要來自於衛星系統本身、接收機設備及傳播路徑中的環境因素，自 2000 年 5 月美國政府取消 SA(Selective Availability)效應後，現行 GPS 之誤差源可概分為衛星系統、傳播路徑及接收設備，如圖 5.6 所示。

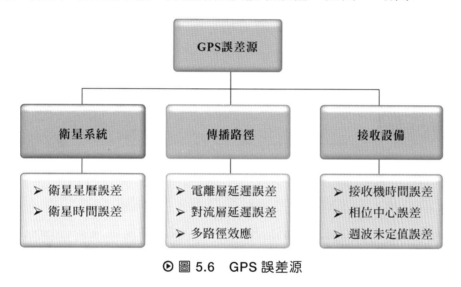

◉ 圖 5.6　GPS 誤差源

1. **衛星星曆誤差**

衛星星曆分為廣播星曆和精密星曆，廣播星曆以每秒 50 位元的頻率發射給使用者端，可用以分析任一時間的衛星位置和速度，以及衛星原子鐘的時間誤差。

精密星曆是由已知座標的衛星追蹤站，長期追蹤觀察衛星所得到的數據分析而得。每 15 分鐘傳送一筆資料，一天計 96 筆資料，內容為衛星的位置、速度，以及衛星時鐘修正量和時鐘變化率。

2. **衛星時間誤差**

衛星上之時鐘為原子鐘，其穩定度約為每日 $10^{-13}$，一天 24 小時為 86400 秒，將近 $10^5$ 秒，所以每日造成約 $10^{-8}$ 秒之誤差，推算可造成偽距 (pseudorange)約有 3m 之測距誤差。

3. 電離層延遲誤差

　　電離層為離地表約 50~1000 公里之大氣層，其內所含之電子微粒，可對電波造成群速延遲(group delay)，使通訊、廣播、導航、定位皆受影響，或增加傳播時間，或增加傳播距離，影響程度與自由電子數成正比，一般情況下，白天誤差量為夜晚誤差量之 5 倍。

　　修正電離層之方式多採用雙頻接收機、使用精密星曆、單頻接收機已可使用廣播星曆內之電離層模式加以修正。在航海上，電離層延遲誤差為 GPS 誤差源中誤差量最大者，約可達 15m。

4. 對流層延遲誤差

　　對流層為距地表約 10~50 公里，因其空氣的介質不均勻，使電波有折射及散射作用造成延遲，對電波的影響與頻率無關，故無法使用雙頻接收機消除誤差量。對流層延遲誤差較難修正，但可避免觀測仰角 5°以下之衛星，以降低水平誤差量。建議採用仰角 15°以上之衛星為佳。

5. 多路徑效應

　　多路徑誤差是由於接收到地物反射之衛星訊號，造成距離失真而產生之誤差。修正方式可選用造型適宜之天線、定位時避開較強之反射面及增加觀測時間，以求取平均觀測量。

6. 接收機誤差

　　接收器誤差為因硬體及軟體之限制，與電路上的時間延遲而造成誤差。一般接收機多採用石英鐘，易產生接收時間誤差。

　　週波脫落則是由於接收器蒐集衛星訊息時，受到遮蔽物的阻隔或干擾，造成訊息的短暫間斷，使得相位資料產生不連續或中斷之現象稱之。

　　天線相位中心為 GPS 衛星接收儀收到衛星訊號的位置，而天線型號種類不同亦會產生相位中心的偏移或變化。

　　接收機觀測誤差可利用差分式 GPS (Differential Global Positioning System, DGPS)修正，詳見第 5.6 節。而接收頻道多者，定位精度亦相對較高，一般而言單頻 GPS 接收機多為 12 個接收頻道。

## 5.5  GPS 精度因子

　　船舶使用 GPS 定位，觀測結果除受各項誤差源之影響，亦與觀測者與所選擇的衛星分布有關，進而影響船舶定位精度。衛星的幾何分布情形，可以精度因子(Dilution Of Precision, DOP)描述之。DOP 值越大表示衛星間之幾何關係不良，定位精確被稀釋越大，船舶定位結果較差。船舶定位誤差之標準差 $\sigma$ 可表示為

$$\sigma = \mathrm{DOP} \times \sigma_u \text{，其中 } \sigma_u \text{ 為虛擬距離觀測量之標準差。}$$

顯見，若 DOP 值越大，則定位誤差之標準差越大，定位精度較差。圖 5.7a 和圖 5.7b 為 DOP 值對定位精度之影響。

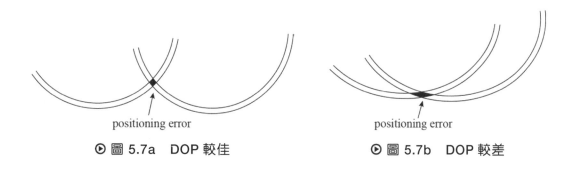

positioning error

positioning error

⊙ 圖 5.7a　DOP 較佳　　　　　⊙ 圖 5.7b　DOP 較差

　　根據 IMO 所屬之海事安全委員會(Maritime Safety Committee, MSC)[19]，建議船舶靜態及動態精度 HDOP≤ 4（或 PDOP ≤ 6），其中 HDOP 為水平精度因子(Horizontal Dilution Of Precision)，含觀測者二度空間座標(x, y)的二維位置。PDOP 為位置精度因子(Position Dilution Of Precision)，含觀測者三度空間座標(x, y, z)的三維位置。

## 5.6　差分 GPS(Differential GPS)原理

　　使用 GPS 單一接收機測量衛星訊號，稱之為單機定位，此方法精確度有限，會產生較大的定位誤差，無法滿足高精度的定位量測。無論在大洋、港灣或內陸水道航行時，船位的控管極為重要，可採用差分 GPS 定位方法(Differential GPS, DGPS)，來消弭共同誤差項[20]，[21]。

　　船舶常用之差分定位方法為使用二台接收器，同時接收相同之衛星信號，如圖 5.8 所示。由於二台接收機 A 與 B 非常接近，從同一衛星發射的訊號所行進的路徑可視為相同，所以經由二次差分可消除的共同誤差項，包含衛星時表誤差、兩接收機時表之延遲誤差、電離層及對流層延遲效應。

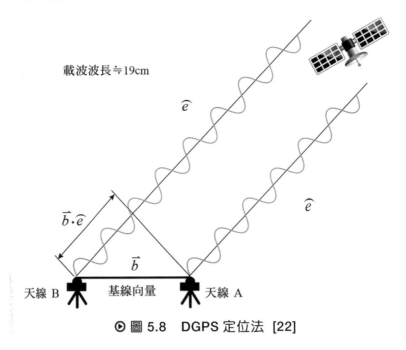

● 圖 5.8　DGPS 定位法 [22]

　　另外，兩天線所構成的向量 $\overline{AB}$ 稱作基線向量，若將基線配置於船中線上，可即時得到兩天線的位置，利用此兩天線位置可決定即時方位，作為「GPS 羅經」定向使用，如圖 5.9 為 FURUNO GPS 羅經。

⊙ 圖 5.9　為 FURUNO GPS 羅經[23]

 **5.7**　FURUNO GP-90 GPS 接收機操作範例

下列範例 5.1 為使用 FURUNO GP-90 GPS 接收機之簡易範例。

**範例 5.1**

觀測衛星訊號及選擇較佳衛星分布之設定。

 **STEP**　按下[MENU]鍵。

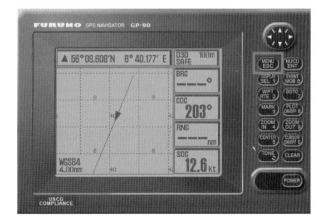

選擇「GPS MONITOR（7 號）」。

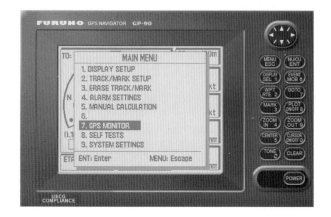

進入衛星監控畫面，顯示衛星編號、空間分布及 DOP（幾何精度因子）等資訊，須注意訊號強度(Single Noise Ratio, SNR)達 35 以上的衛星，方可使用於船舶定位演算。

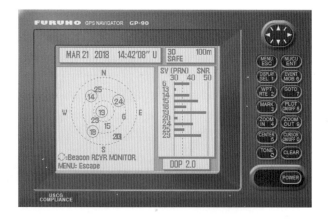

可選擇主要的衛星，降低 DOP 值。按下[MENU]鍵，選擇「SYSTEM SETTINGS（9 號）」。

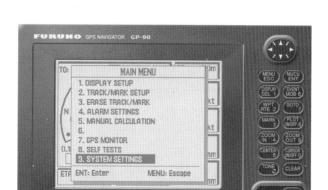

進入選單,選擇「GPS SETUP」。

**STEP**

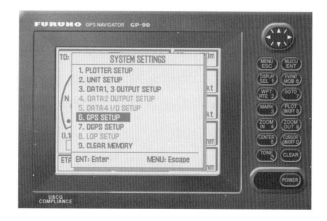

可依衛星幾何分布圖,在 Disable satellite 欄位中輸入欲自定位演算中
刪除的衛星編號(SVN),如本例刪除 14 號、24 號衛星。

**STEP**

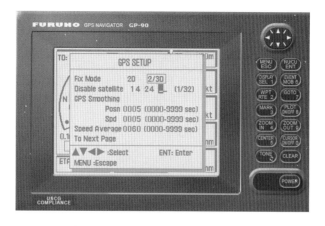

選擇良好的衛星分布，DOP 值由原先之 2.0 降為 1.5。

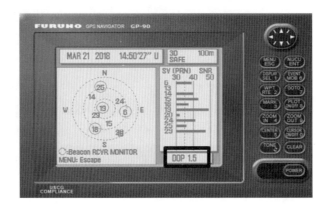

　　根據 MSC.112(73)對船舶 GPS 航儀之水平精度因子(Horizontal Dilution of Precision, HDOP)和位置精度因子(Position Dilution of Precision, PDOP)訂有性能標準要求，自 2003 年起 GPS 船舶接收機的精確度在 HDOP=4/PDOP=6 的情形下只須達 100m(95%)，但必須具備接收處理 DGPS 資料的能力，以使其精確度達到 10m(95%)以內[24]。

# 06
CHAPTER

# 海事安全信文及搜索與救助系統

傳送和接收海事安全信息(Maritime Safety Information, MSI)為 GMDSS 無線電設備中需具備的功能之一。MSI 提供包括氣象、冰山、搜救資訊及其他航行安全之訊息給所有海上船舶以維持航行安全。MSI 傳送方式包含 INMARSAT-C 之強化群體呼叫(EGC)系統和使用窄波道直接印字(NBDP)技術的航行電傳(NAVTEX)系統。

## 6.1　航行電船接收機 NAVTEX(Navigational Telex)

NAVTEX（航行電傳）是一種國際自動化中頻直接打印服務，在離海岸約 400 內的船舶可接收到 MSI，向船舶提供船舶航行資訊以及緊急的海上安全信息。NAVTEX 採用 518KHz 單頻率，以英文為代號作為各航行警告區域(NAVAREAS)內的指定電台。為防止電台之間的相互干擾，依限制發射功率和分配使用時程的方式，依序播送信文。而為協調傳播時間流程表，因此在一個航行警告區域內畫分出 24 個電台（最多），使得船舶航行於離岸 400 浬範圍內的沿岸水域時，能夠接收到安全訊息。

### 6.1.1　NAVTEX 系統組成

NAVTEX 的系統組成包含協調部門、發射台和接收機三部分，如圖 6.1 所示。

◉ 圖 6.1　NAVTEX 系統組成圖

1. 協調部門：負責提供海上安全資訊並進行播發協調，將氣象、冰山遇險及搜救等資訊協調完成後再送至發射台發送。

2. NAVTEX 發射台：發射頻率為 518KHz，為了避免電台間之相互干擾，採用分區、分時的方式作業。GMDSS 實施早期，IMO 將全球 16 個航行警告區(NAVAREAS)，分別作為 16 個 NAVTEX 服務區。2007 年 2 月又通過了在

北冰洋地區新增 5 個 NAVAREA 區的建議，使航行警告區擴展為 21 個，如圖 6.2。每一個航行警告區最多劃分 24 個電台，各台以字母 A~Z 進行編號。再將這些電台分成 4 組，每組最多 6 個廣播電台，每組電台僅分配 1 小時的廣播時間，每個電台廣播時間約 10 分鐘。意即每一個電台在 4 小時內僅有 10 分鐘的廣播時間，若該區域內的電台數較少（不到 6 個），則廣播時間相對較長。

　　NAVTEX 的信文優先順序分為三類，依重要程度決定信文的優先播送時間，分為：

(1) 重大(vital)：以不干擾現在傳送作業的情況下，立即播送。

(2) 重要(important)：利用空閒頻率，於次一可用時段播送。

(3) 一般(routine)：依序於次一排定時段播送。

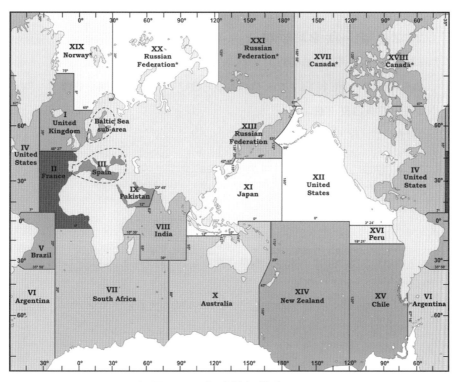

▶ 圖 6.2　全球航行警告區[25]

3. NAVTEX 接收機：包含微型印表機用來自動接收、選擇、存儲並列印發射
   台發送的海事資訊。採用向前糾錯改正(Forward Error Correction, FEC)的通
   信協定，遇有嚴重干擾時，以*號補上。接收機可計算誤碼率，只有在誤碼
   率小於 4% 時方可判定為有效接收。若為三頻道的接收機，則可接收
   518KHz、490KHz 和 4209.5KHz 頻率的信號。

## ➤ 6.1.2　NAVTEX 信文格式

　　航行警告電傳的報頭以 ZCZC 表示信文開始，其後有四位元技術碼 B1 B2
B3 B4，並以 NNNN 表示信文結束。圖 6.3 為 NAVTEX 信文格式。

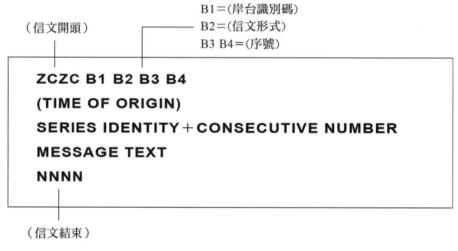

◉ 圖 6.3　NAVTEX 信文格式圖

1. 技術碼 B1：用以表示每一航行警告區內，發射電台身分代碼。

2. 技術碼 B2：表示信文種類，航行員可選擇所需的信文，然特定的信文會強
   制選取，無法刪除。信文種類列於表 6.1。

3. 技術碼 B3 B4：為該信文的序號，以 01~99 表示，當 99 傳送完畢後，再由
   01 開始。而與搜救信息相關的信文（形式 D）永遠使用 00 序號，以確保無
   論何種形式，都可列印搜救相關信文。

## 表 6.1　NAVTEX 信文種類表

| 信文形式(B2) | 訊息 |
|---|---|
| A | 航行警告(Navigational Warnings)（註 1） |
| B | 氣象警告(Meteorological Warnings)（註 1） |
| C | 海冰報告(Ice Reports) |
| D | 搜救資訊(Search and Rescue Information)（註 1） |
| E | 氣象預報(Meteorological Forcasts) |
| F | 引水業務信文(Pilot Service Messages) |
| G | 迪卡航儀信文(Decca Messages) |
| H | 羅遠航儀信文(Loran Messages) |
| I | 奧米茄航儀信文(Omega Messages) |
| J | 衛星導航信文(Satnav Messages) |
| K | 其他電子航儀信文(Other Electronic Navaid Messages)（註 2） |
| L | 航行警告-A 類以外資訊 (Navigational Warnings-additional to letter A)（註 3） |
| V | 特別業務(Special Service) |
| W | 特別業務(Special Service) |
| X | 特別業務(Special Service) |
| Y | 特別業務(Special Service) |

註 1：接收機無法剔除項目。註 2：無線電導航資訊。註 3：接收機不得剔除項目。

範例 6.1

接收到一封 NAVTEX 信文。

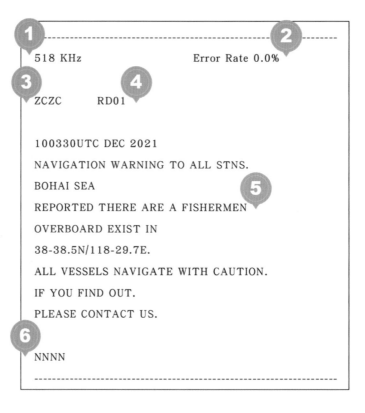

其中

1. 信文使用 518KHz 單頻率接收。

2. 錯誤率為 0.0%，故信文中並未出現*字。

3. 信文開始。

4. R：大連台；D：搜救資訊；01 信文編號。

5. 信文本文。UTC 為世界協調時(Universal Time Coordination)，信文顯示漁民落海之經緯度及傳送時間。

6. 信文結束。

下列範例 6.2 為使用 NAVTEX 接收機(Furuno 型號 NX-700)接收測試；範例 6.3 調整顯示器的亮度和對比度；範例 6.4 為選擇接收本地頻率 4209.5kHz 信文；範例 6.5 為編程接收電台和消息之操作。

範例　6.2

　　NAVTEX 接收測試。

STEP

等候 NAVTEX 接收器備便，按[MENU/Esc]鍵進行收發機測試，主選單會出現列表中。

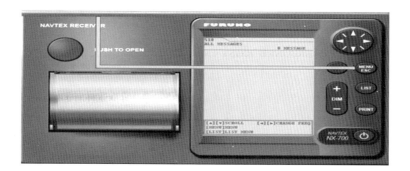

STEP

使用[▲/▼]鍵選擇服務(Service)，按[Enter]鍵開啟服務選單。

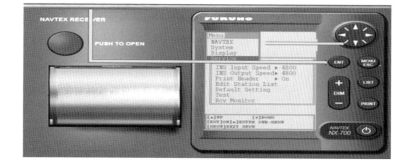

**STEP 3**

使用[▲/▼]鍵選擇測試(Test)，按[Enter]鍵進入測試選單(Start test)，選擇「Yes」，接著按[Enter]鍵開始測試。

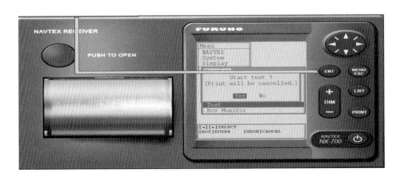

**STEP 4**

檢查 ROM、RAM 測試記憶體、電池為正常操作，當「Hit any key」出現在螢幕的下方，則按任意鍵（「Power」電源鍵除外）。

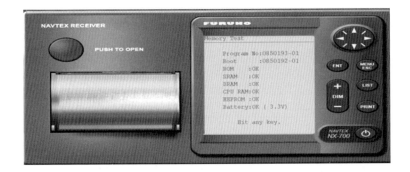

**STEP 5**

一個接一個的按每個鍵，進行按鍵測試。

當「Hit any key」出現在螢幕的下方，則按任意鍵（「Power」電源鍵除外），以進行 LCD 和螢幕測試，並啟動接收測試，測試信息將被列印出來。當「Hit any key」出現在螢幕上，按（除電源）外的任意鍵來完成測試。之後可按兩次[MENU / Esc]鍵關閉選單。

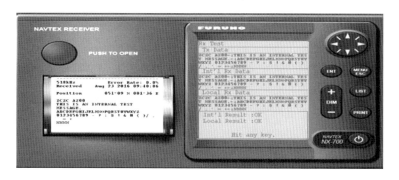

### 範例 6.3

調整 NX700A 顯示器的亮度和對比度。

按[POWER]鍵，待螢幕出現啟動顯示，檢查 ROM 和 RAM 是否正常運行並顯示程序編號。當檢查正常，查驗完成後 5 秒鐘，將顯示於列表。

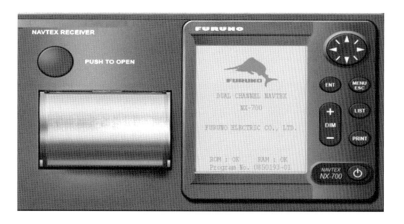

使用[＋DIM－]鍵調節顯示屏亮度，調整範圍是 0（暗）至 9（亮）。
按[MENU/Esc]鍵，打開 NAVTEX 選單。

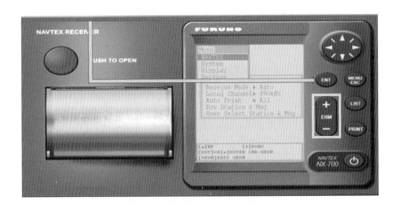

使用[▲/▼]鍵選擇顯示(Display)，並按[Enter]鍵打開顯示選單。

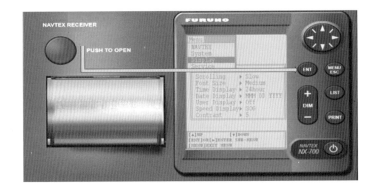

使用[▲/▼]鍵選擇對比度(Contrast)，並按[Enter]鍵打開對比度選單。
使用[>]鍵增加顯示對比度，[<]鍵降低顯示對比度。按兩次[MENU/Esc]
鍵關閉選單。

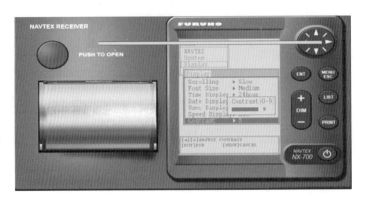

範例 6.4

選擇接收本地頻率 4209.5kHz 信文。

**STEP**
等候 Navtex 接收器備便，接收 518Hz 並可在同一時間接收另一個頻率（490 KHz 或 4209.5 KHz）。按[MENU/Esc]鍵，打開 NAVTEX 選單。

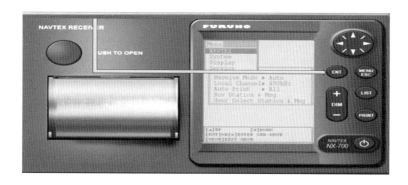

**STEP**
使用[▲/▼]鍵選擇本地頻道(Local Channel)，並按[Enter]鍵打開本地頻道選單，接著按[▲/▼]鍵選擇 4209.5 KHz，按[Enter]鍵接受選擇的頻率，按兩次[MENU/Esc]鍵關閉選單。

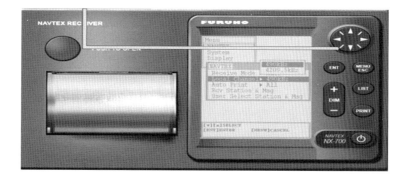

**STEP**
使用[>]和[<]鍵在 518 KHz 和 4209.5 KHz 之間切換，以顯示其所對應的信息列表。

 範例 6.5

編程接收到的電台和消息。

STEP 1

按[Menu/Esc]鍵打開選單列表，「NAVTEX」選項被反白顯示。

STEP 2

按[ENT]鍵打開接收模式選單(Receive mode)。在自動模式(Auto)下電台可自動根據本船和 NAVTEX 電台之間距離做選擇，並以自動模式接收訊息，唯需注意不能拒絕 A／B／D／L 類型的訊息。

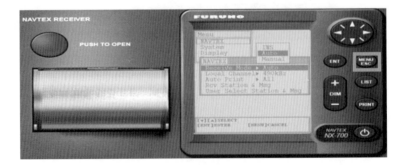

使用[▲/▼]鍵選擇手動模式(Manual)，在此模式下選擇[Rcv Station & Msg]，按[Enter]鍵打開編輯視窗。

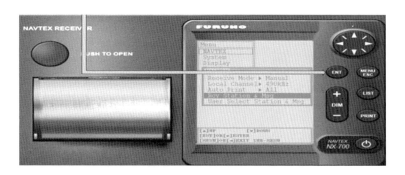

出現字母選擇視窗。以下範例為取消 C 訊息類型。

按[>]或[<]鍵選擇字母 C，之後按[▲/▼]鍵取消 C。

使用者無法接收字母上標有「－」的信文。本例字母 C 欄位顯示為「－」，則表示無法接收 C 類型的訊息。注意 A / B / D / L 無法消除。

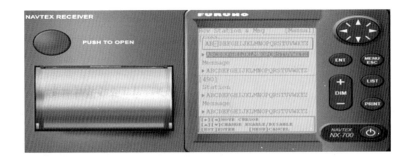

## 6.2  緊急無線電船位示標 EPIRB

緊急無線電示標(Emergency Position Indicating Radio Beacon, EPIRB)是一種追蹤設備(tracking equipment)，在海上緊急情況下提醒搜索和救援服務(SAR)，可以在指定的頻帶上傳輸信號，以找到救生艇、救生筏、船隻或遇險人員，為使設備正常運作，EPIRB 至少一個月必須自我測試一次，但不發送信號。自 1993 年 8 月 1 日起 IMO 規定船舶需有 COSPAS-SARSAT 系統的 EPIRB 或是 Inmarsat 系統的 EPIRB。

EPIRB 依使用頻率的不同區分為：

1. COSPAS-SARSAT–EPIRB 頻率為 406 MHz 使用繞極軌道衛星，適用於所有海域。(可參閱本書 4.7 節)。

2. INMARSAT E–EPIRB 頻率為 1.6 GHz 適用於 A1、A2 和 A3 海域。

3. VHF–EPIRB 頻率為 121.5MHz，可被繞極軌道衛星及飛機監控。自 2009 年 2 月 1 日起衛星不再提供 121.5MHz 的偵測服務。

4. VHF CH 70–EPIRB 頻率為 156.525 MHz 僅適用於 A1 海域。

COSPAS/SARSAT 的遇險信標，因使用者的不同區分為：

1. EPIRB(Emergency Position Indicating Radio Beacon)：海上環境中使用的緊急無線電示標。

2. ELB(Emergency Local Transmitter)：航空界使用的緊急定位發射器。

3. PLB(Personal Locator Beacon)：個人在多種荒野活動中使用的個人定位信標
陸地上使用。

　　ELT、EPIRB 和 PLB 可註冊 HEX ID 識別碼，其內包含重要信息，如信標
所有者是誰、與信標相關聯的飛機或船隻類型、緊急聯絡點等等。當信標被觸
發後，會於 406 MHz 頻率上發送遇險信號，該信號頻率已在國際上被指定僅用
於遇險。如果信標已註冊，將有助於搜索和救援(SAR)團隊確定最佳行動方
案。

　　衛星接收到信標信號後，會將信號中繼到地面終端站(LUT)。LUT 處理數
據，計算遇險信標的位置，並將解碼的警報消息發送到其相關的任務管制中心
(MCC)。接著，MCC 自動執行警報消息與其他接收消息的匹配和合併，對數據
進行分類，並將遇險消息發送到最近的適當搜救協調中心(RCC)。若信標正確
註冊，可提升整體通信流程之速率。架構圖如圖 6.4 所示。

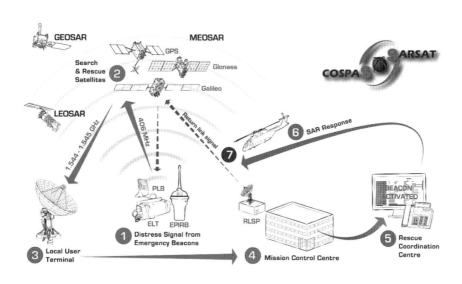

◉ 圖 6.4　信標遇險警告傳送架構圖[26]

　　當船舶遇險時，EPIRB 可手動或自動運作，將訊號發送給衛星，再傳至
LUT 作解碼處理，其後再傳送至 MCC，處理資訊後再傳送 RCC。廣播範圍以
遇難位置為圓心，空中半徑 600 浬，海面半徑 100 浬。

範例 6.6 為使用 EPIRB 手動啟動之步驟，範例 6.7 為 EPIRB 自我檢查程序。

**範例 6.6**

以手動方式啟動 EPIRB。

**STEP 1**

如果船舶未沉沒，但有迫在眉睫的危險，可取下 EPIRB 並以手動方式啟動。首先移動保險桿的 R 型夾。

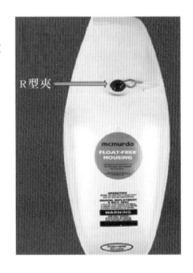

**STEP 2**

打開隔絕的外殼蓋，取出 EPIRB。

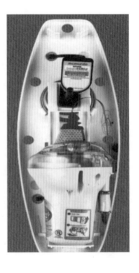

**STEP** 為防止意外啟動，需先向上推動紅色保護閘，以釋放啟動開關。

 **STEP** 按下開關上的鎖定按鈕並滑動開關至左側。

 **STEP** EPIRB 被啟動將立即開始閃爍。

注意：EPIRB 在 50 秒內不會做任何遇險傳輸，若誤觸可立即關閉。在此期間，紅色 LED 連續點亮，蜂鳴器迅速響起。綠色 LED 快速閃爍，表示 EPIRB 試圖獲得 GPS 定位。發送之前紅色指示燈直接地快速閃爍，以警告用戶。一旦在 406 兆赫的傳輸完成時，蜂鳴器同步啟動聲響。

若紅色和綠色 LED 的閃光燈輪流一起閃爍，表示在 121.5MHz 上傳輸良好。當 50 秒的紅色 LED 燈亮起 2 秒鐘，表示在 406MHz 上傳輸良好。同時綠色 LED 燈亮起 2 秒鐘，表明有效位置收發。

**6**
**STEP**

若 EPIRB 被誤發，或者啟動了應急之後要結束 EPIRB 可以在 OFF 位置滑動開關至右側回到其「準備就緒」(ready)復位。之後將 EPIRB 收回到保護殼。

**範例 6.7**

McMurdo G5 EPIRB 標準自我檢查程序。

EPIRB 具有內建測試能力，應作為安全設備的定期重要檢查項目。

**1**
**STEP**

移動保險桿的 R 型夾，打開隔絕的外殼蓋，取出 EPIRB。

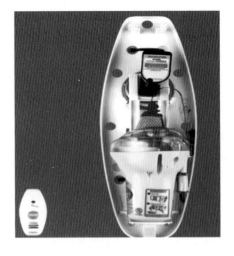

**STEP**

按測試按鈕，直到紅色 LED 燈亮，接著鬆開按鈕。

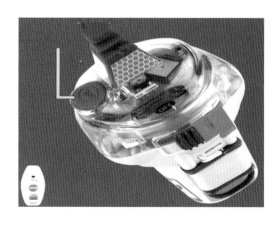

**STEP**

若所有的測試都成功，蜂鳴器將會鳴叫，並且紅色、綠色和白色 LED 的閃光燈會一起閃爍若干次。LED 閃爍的次數表示電池已使用的累積時間：

3 次閃光／蜂鳴聲—少於 4 小時；

2 次閃光／蜂鳴聲—4 至 6 小時；

1 次閃光／蜂鳴聲—6 小時以上。

若測試失敗，不會閃爍任何燈光並且紅色 LED 指示燈將熄滅。測試完成後，將 EPIRB 收回到保護殼。

## 6.3 SART 雷達詢答機

　　搜救雷達詢答機(Search And Rescue Transponders, SART)可發出特定的位元信號，顯示出其位置，設備以備便的情況(Stand by)安裝於救生艇筏頂端，在海難事故發生時啟動 SART，當被 9GHz 雷達（3cm 雷達；X Band 雷達）脈波掃到時，會自動產生回應脈波，而在雷達幕上顯示 SART 的距離和方位。使搜救和救援行動能有效發現遇險者位置，提高救援成功率。依 SOLAS 規定，在任一水域航行的船舶皆要配備有該項設備。

　　SART 可人工啟動，也可在入水後自動啟動，其露出海平面部分的天線高度不應小於 1 公尺，可由約 8 海裡範圍內的任何 9GHz 雷達觸發。其探測距離與天線高度成正比，一般船舶天線的高度約 15 公尺，可探測 5 浬以上。若為飛機雷達，功率達 10kw 以上，高度在 3,000 英呎以上時，探測距離可增至 30 浬。

　　SART 一旦被觸發在應答狀態中，會發射一串脈衝信號，在雷達顯示器上顯示同一方位上的至少 12 個等距離光點或劃(Blips)。最靠近中心點的第一點即為 SART 的位置，如圖 6.5 所示。當搜救單位接近 SART 1~3 海浬時，SART 在雷達幕上會顯示為 12 個弧(Arcs)，如圖 6.6 所示。若接近位置小於 1 海浬，距離圈可能會出現雷達扇形陰影區(Sector)。注意當接近 SART 位置時，雖無法量出方位，但可確定遇險者在近處，此時操作者應隨距離的逐漸接近，適時降低雷達增益。搜救船舶或飛機上可根據該標誌的起始點和方位來得出遇險者的確切位置，及時進行營救。

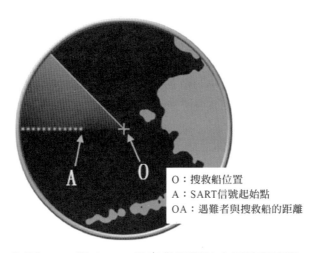

O：搜救船位置
A：SART信號起始點
OA：遇難者與搜救船的距離

⊙ 圖 6.5　離 SART 尚有段距離時之雷達幕顯像

⊙ 圖 6.6　接近 SART 時之雷達幕顯像

　　依據國際海事組織 2007 年的決議案，對 SART 的基本要求為：工作可靠、操作簡便、便於攜帶、容易發現，具體內容如列[27]：

1. 應能由非熟練人員輕鬆操作。

2. 應裝有防止意外啟動的裝置。

3. 應有監聽或監視（或兩者兼備）裝置，以指示 SART 的工作狀態和告知倖存者已經有搜救船或飛機靠近。

4. 應能人工啟動和關閉，緊急時亦能自動啟動。

5. 應能提供待命狀態的指示。

6.　應從 20 公尺高處落入水中不會損壞。

7.　在 10 公尺深水中，至少應能保持 5 分鐘不進水，具良好的水密性。

8.　在浸水條件下，受到 45℃熱衝擊仍能保持良好水密性。

9.　落入水中，應能迅速自動正向立起，指示燈在上面。

10.　應有一根與 SART 連接的繩索，提供給遇險者固繫用。

11.　應能抗海水和油的浸蝕。

12.　長期暴露在陽光及風雨浸蝕下，技術指標不應降低。

13.　SART 表面應塗黃／橘色，以保證具有高能見度。

14.　SART 表面應平滑，以防止損傷救生筏或遇險人員的身體。

15.　SART 露出海平面部分的高度（天線高度）不應小於 1 公尺。

　　SART 在待機狀態下顯現綠燈，電力時間可維持 96 小時，收到雷達信號後開始答詢，發出嗶嗶聲，且發射一連串 9 GHz 脈波信號，電力時間為 8 小時。亦即，SART 備便電力 96 小時，答詢則為 8 小時。造型通常為圓柱形，且色彩鮮豔。如圖 6.7 所示。

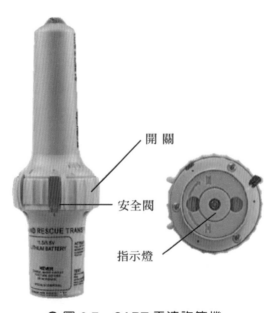

開　關

安全閥

指示燈

◉ 圖 6.7　SART 雷達詢答機

## 6.4 🛰️ 船舶自動識別系統雷達詢答機 AIS-SART

AIS-SART 是一種獨立的無線電設備，藉由自動識別系統(Automatic Identification System, AIS)獲得救生艇筏或船隻的位置報告，其內建全球導航衛星系統(Global Navigation Satellite System, GNSS)接收機，如 GPS，以同步獲取位置和時間資料，並每分鐘傳送 8 次相同的位置報告，其中 4 個在 161.975 MHz，4 個在 162.025 MHz 上傳送。此傳送方式可提高至少有一個位置報告被成功傳送的機率。AIS-SART 具有獨特的識別碼，由 9 位數字組成，形式為：

### 970AABBBB

1. 970 代表 AIS-SART 設備。

2. AA 為廠家識別標誌，範圍為 01~99。

3. BBBB 代表設備的序列號。

識別碼在產品出廠前已寫入設備中，使用後無法更改。通過識別碼，參與搜救的團隊能更快識別出 AIS-SART 所發出的信號，進行定位與搜救工作。相較於傳統 SART，AIS-SART 更容易被發現及接收，通訊距離更遠，尤其是在惡劣的氣海象環境，更能提供準確、迅速的定位幫助。現行 AIS-SART 在電子海圖上多以⊗符號呈現。

國際海事組織已經認可 AIS SART 等同雷達 SART 作為配置選擇，意即船舶可選擇 AIS-SART 取代雷達 SART，若雷達已連接 AIS 設備，AIS-SART 啟動時，在雷達螢幕上會顯示一圓圈，單擊該圓圈，雷達信息欄上會顯示 AIS-SART 資訊。

依據 IMO MSC 246(83)的性能要求[28]，建議 2010 年 1 月 1 日安裝於船舶上的 AIS-SART 規格必須符合：

1. 應能由非熟練人員輕鬆操作。

2. 裝有防止意外啟動的裝置。

3. 應有監聽或監視（或兩者兼備），已用於指示正確操作的裝置。

4. 應能人工啟動和關閉，緊急時亦能自動啟動。

5. 能夠承受從 20 m 高處落入水中而無損壞。

6. 在 10 m 的水下深度，能保持至少 5 分鐘的良好水密性。

7. 在浸水條件下，受到 45°C熱衝擊仍能保持良好水密性。

8. 如果不是救生艇筏的組成部分，它能夠漂浮（不一定處於操作位置）。

9. 配備有浮力的掛繩，適合作繫繩之用。

10. 應能抗海水和油的浸蝕。

11. 長期暴露在陽光下，技術指標不應降低。

12. 表面應塗黃／橘色，以保證具有高能見度。

13. 表面應平滑，以防止損傷救生艇筏。

14. AIS-SART 的天線離海平面至少 1 公尺以上，並附有圖示說明。

15. 能至少每一分鐘或更短的時間，發射訊息一次。

16. 內建 GNSS 接收機，如 GPS，可發射即時的位置報告。

17. 能夠使用特定的測試信號對所有功能進行測試。

18. 電池可足夠使用 96 小時，在–20°C 至+55°C 的範圍內可正常操作。

　　SART 和 AIS-SART 的異同如表 6.2 所示。

表 6.2　SART 和 AIS-SART 之比較

| SART | AIS-SART |
|---|---|
| 頻率：9GHz | 頻率：161.975 MHz；162.025 MHz |
| 無標識碼 | 有標識碼：970XXYYYY<br>970 是 SART-AIS 專用碼<br>XX 製造商的 2 位代碼<br>YYYY 個別的 SART 代碼 |
| 被動式發射（雷達掃描後才應答） | 主動式發射 |
| 在雷達顯示器上顯示 12 個等距標示 | 在雷達顯示器上顯示⊗符號 |
| 易受地形阻擋 | 易受地形阻擋 |

下列範例 6.8 為 TRANSAS AIS-SART 自我檢測程序，範例 6.9 為使用手動啟動及關閉之步驟。

**範例 6.8**

Tron AIS- SART 我檢測程序。

**STEP 1**

移動 Tron AIS-SART 開關，並保持在「TEST」位置，直到兩個指示燈開始閃爍（將滑鼠移動到開關的底部，點擊滑鼠左鍵並保持至少 3 秒）。

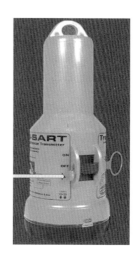

**STEP 2**

設備進行自檢。本機搜索 GPS 位置最多 15 分鐘。若測試成功，將顯示 15 秒的蜂鳴聲和綠色 LED 燈。若測試不成功，則會指示 15 秒蜂鳴聲和紅色 LED 燈。

注意：若要取消正在進行的測試，需將「TEST」移動，並按住開關，直到發出蜂鳴聲為止。

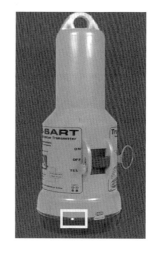

範例　6.9

以手動方式啟動 AIS-SART。

**1**
**STEP**

啟動 AIS-SART 開關打開密封墊。

**2**
**STEP**

將插銷確認插入開關[ON]的位置。

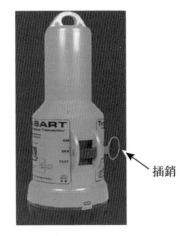

插銷

LED 指示燈將開始閃爍，AIS-SART 並會發出規律的蜂鳴聲。僅綠色 LED 燈閃爍時，代表 GPS 位置是確定的(FIX)。AIS-SART 將開始傳輸。

停用 AIS-SART。將開關切換到[OFF]位置並切換插銷。最後點擊開關。

注意：需啟動 SPLIT 按鈕（雙手模式），然後單擊插銷。

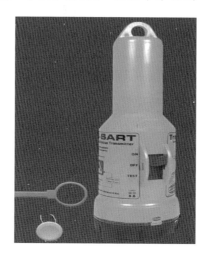

##  6.5 　電源供應需求

　　GMDSS 要求船用電源務使設備既能在船舶主電源供電下工作，又能在備用電源供電下工作。在應急情況下，船舶的備用電源必須能同時保證 VHF 設備和另一台在本船所航行海域適用的報警設備有效工作。依據 SOLAS 公約規

定，貨船 GMDSS 設備之緊急電源，至少應能供電 18 小時。若船舶裝有緊急電源，且完全符合國際公約的要求，則備用電源的供電時間需達 1 小時。若船舶所裝置的緊急電源不完全符合國際公約要求，則備用電源的供電時間需達 6 小時。

目前，船舶電池的種類主要分為一次性電池和充放電電池。一次性電池無法再充電，電容量取決於內部活性物質的量與特性，常見如乾電池、鹼性乾電池、氧化銀電池、銀汞電池、一次性鋰電池等。EPIRB 所使用的一次性電池，多為鋰電池。

充電電池則為鉛酸電池、鎳鎘電池、鎳鐵電池等，其中又以鉛酸電池用途廣泛、價格低廉、對溫度適應性強而最為常用，鉛酸電池由兩塊鉛板組成正負極，放置於裝有稀硫酸($H_2SO_4+H_2O$)的電池室(Battery Cell)內，若充電過量容易造成極板脫落，放電過度則會造成極板彎曲，維護保養時需謹慎。一般單邊帶設備及 VHF 設備等，均以鉛酸電池作為備用電源使用。而鎳鎘電池較不易因充電過飽或不足造成損壞，主要用於可攜式 VHF。

須注意縱使船舶裝有緊急電源，然而衛星通訊設備斷電後即關機，啟動緊急電源仍無法使衛星通訊有效運作，因此需有不斷電系統(Uninterruptible Power System, UPS)填補及避免設備於斷電時瞬間電壓中斷，使用上需定期檢查及保養，以維持 UPS 設備的正常運作。圖 6.8 為 TRANSAS 提供之電池監測儀。

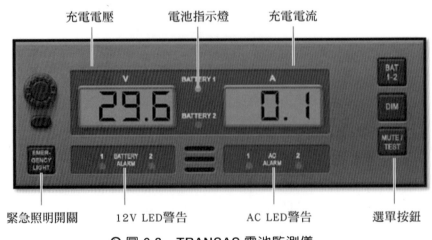

◉ 圖 6.8  TRANSAS 電池監測儀

**附錄　實務範例[5]**

一、貨櫃船(NEW ORLEANS LAKO2)自歐洲始往澳洲裝卸貨櫃，當該船位於南大西洋時，遇到熱帶風暴，船身進水造成左舷傾撤 20 度。在 0910UTC，該船船長決定使用 2182KHz 發出遇險呼叫。GPS 顯示當時船位，位於緯度 09°15'23〞South, 經度 012°20'10〞West。當時天候狀況如下：

Storm from northwest, cloudy, rain showers.

Visibility is about 5natuical miles.

There are 17 crew members on beard.


<u>NEW ORLEANS/LAKO2 ON 2182KH</u>

ALARM SIGNAL ON 2182 KHz（約 30 秒）

MAYDAY MAYDAY MAYDAY

THIS IS NEW ORLEANS NEW ORLEANS NEW ORLEANS CALLSIGN LIMA ALFA KILO OSCAR TWO（等候 10 秒，給它船時間作接收準備。）

MAYDAY NEW ORLEANS CALLSIGN LIMA ALFA KILO OSCAR TWO POSITION 09°15'23-SOUTH 012°20'10 WEST. AT TIME 0910UTC. 20 DEGREES LISTING TO PORT SIDE.DANGER OF CAPSIZING NEED IMMEDIATE ASSISTANCE. I HAVE17 CREW ON BOARD。 THE WEATHER STROM, RAIN SHOWERS WITH VISIBILITY ABOUT 5 NAUTICAL MILES.

二、油輪(BERGE MASTER LANO2)自波斯灣北向駛往荷蘭鹿特丹，(MANILA SUNRESE DVPW)也位於附近，兩艘船舶均收到該項遇險訊號呼叫訊息。

### BERGE MASTER LANO2 ON 2182KH

MAYDAY NEW ORLEANS NEW ORLEANS NEW ORLRANS THIS IS BENGE NIASTER HENGE MASTER HERGE MASTER CALISIGN LANO RECEIVED MAYDAY.

### MANILA SUNRESE DVPW ON 2182KH

MAYDAY NEW ORLEANS NEW ORLEANS NEW ORLEANS THIS IS MANILA SUNRESE MANILA SUNRESE MANILASUNRESE CALLSIGN DVPW MAYDAY RECEIVED

三、NEW ORLEANS 由於距離海岸太遠，無線電操作者會接著詢問 MANILA SUNRESE DVPW 和 BERGE MASTER LANO2 的到達時間(ETA)。

### NEW ORLEANS

MAYDAY BERGE MASTER BERGE MASTER MANILA SUNRESE MANILA SUNRESE THIS IS NEW ORLEANS NEW ORLEANS GIVE ME YOUR POSITIONS AND ESTIMATED TIME OF ARRIVAL OVER.

### BERGE MASTER

MAYDAY NEW ORLEANS THIS IS BERGE MASTER IY POSITION IS 09°50' SOUTH AND 010° 15' WEST. ETA IN APPROXIMATELY TWO HOURS OVER

### MANILA SUNRESE

MAYDAY NEW ORLEANS THIS IS MANILA SUNRESE MY POSITION IS APPROXIMATELY 50 NAUTICAL MILES NORTH OF YOU. ETA IN ABOUT THREE HOURS AND FOUR ZERO MINUTES WE CAN ASSIST YOU WITH PORTABLE EMERGENCY PUMPS OVER.

四、NEW ORLEANS 需要它們的援助。當所有船舶位於 VHF（特高頻）的傳送範圍時，則可決定使用 VHF CH16，作為通訊頻道，進行遇險通訊作業。

NEW ORLEANS

MAYDAY BERGE MASTER, MANILA SUNRESE THIS IS NEW ORLEANS I NEED ASSISTANCE FROM BOTH OF YOU PLESE CHANGE TO VHF CHANNEL 16, OVER.

BERGE MASTER

MAYDAY NEW ORLEANS THIS IS BERGE MASTER ROGER COMING UP ON CHANNEL 16, OUT.

MANILA SUNRESE

MAYDAY NEW ORLEANS THIS IS MANILA SUNRESE ROGER WILL CO OUT.

五、BERGE MASTER 頻道 CH 16 受到漁船干擾，因此提出無線電保持靜默要求。

BERGE MASTER

MAYDAY ALL STATIONS ALL STATIONS ALL STATIONS SEELONCE DISTRESS SEELONCE DISTRESS SEELONCE DISTRESS THIS IS BERGE MASTER CALLSIGN LANO2.

六、大約過了 30 分鐘左右，BERGE MASTER 自雷達觀測屏幕上，發現一個可能是 NEW ORLEANS 船舶的回跡。

BERGE MASTER

MAYDAY NEW ORLEANS THIS IS BERGE MASTER I HAVE AN ECHO ON MY RADAR, BEARING 270 DEGREES DISTANCE ABOUT 18 NAUTICAL MILES PLEASE ACTIVATE YOUR RADAR TRANSPONDER, OVER.

七、大約過了一小時後，NEW ORLEANS 船隻進水嚴重，該船船長於是下令決定全員棄船。

NEW ORLEANS

MAYDAY BERGE MANTER MANA SUNHISE

THIS IS NEW ORLEANS THE LISTING IS NOW 5 DEGES AND WE HAVE TO AHANDON SHIP. WE WILL TAKE SART AND PORTAE VHF WITH US IN THE

LIFEBOARTS. PLEASE TANE CHARG OVER.

BERGE MASTER

MAYDAY NEW ORLLANS THIS 1S DERGE MASTER ROGER TAKING OVER WILL BE AT YOUR POSITION IN 20 MINUTES MAYDAY NEW ORLEANS THIS IS MANILA SUNRESE ROGER.

八、幸運地 BERGE MASTER 救起了 NEW ORLEANS 的所有船員，因此通知 MANILA SUNRESE 可以轉向，繼續其既定之航程。

BERGE MASTER

MAYDAY MANILA SUNRESE TIHIS IS BERGE MASTER THE SITUATION IS UNDER CONTROL AND ALL CREW MEMBERS FROM THE NEW ORLEANS IIAVE BEEN RESCUED. YOU CAN NOW CONTINUE YOUR VOYAGE. OUT.

MANILA SUNRESE

MAYDAY BERGE MASTER THIS IS MANILA SUNRESE ROGER THANK YOU FOR YOUR ASSISTANCE, AVE A SAFE VOYAGE OUT.

九、BERGE MASTER 接著向所有船舶宣告，無線電保持靜默已經不再需要，特高頻 16 頻道 VHF CH 16，可以依照通訊標準作業流程，進行正常通訊作業。

BERGE MASTER

MAYDAY ALL STATIONS ALL STATIONS ALL STATIONS THIS IS BERGE MASTER BERGE MASTER BERGE MASTER CALLSIGN LANO2 TIME 1205 UTC NEW ORLEANS LAKO2 SEELONCE FEENEE.

註：遇險電台或指揮管制通訊之電台，於不需要完全靜默時，可發出訊息重新開始有限制之運作(PRU-DONCE)。船舶電台在收到經由 156.8 兆赫（VHF 16 頻道）無線電話發送的遇險呼叫，如該呼叫電話在五分鐘內，沒有被海岸電台或另一艘船確認時，此時才確認收到遇險呼叫，並使用可行的方法中繼轉發其遇險呼叫到合適的海岸電台或海岸地球站。為了避免做出不必要的，或混亂的傳送回應，船舶電台，當可能與事發地點有相當大的距離，在接收到來自 HF 頻帶的遇險報警（遠距之外），不該立即確認該警報（應讓近處的岸台去確認），但應在該收到遇險警報的 HF 頻帶，收聽是否有後續的遇險消息發送（表示已有近處電台出面確認）；如該遇險警報，沒在五分鐘內由海岸電台確認，應中繼轉該發遇險警報，但只該轉給一個適當的海岸電台或海岸地球站。

　　非遇險電台發射遇險訊息之時機：當非遇險電台恰處於應傳送遇險訊息的位置時。當非遇險電台的船長認為需要提供進一步的幫助時。當接收到一個未被確認的遇險訊息，而此非遇險電台的位置並不在應給予援助的海域範圍內時。

　　現場通訊使用無線電話的首選頻率，是 156.8 兆赫(VHF 16)和 2182 千赫(MF R/T)。頻率 2174.5 千赫(MF F1B)也可用於船對船在前進糾錯模式(FEC)下，使用電傳報作為現場通信。除了 156.8 MHz (VHF 16)和 2182 千赫，頻率 3023 千赫，4125 千赫、5680 千赫、123.1 兆赫和 156.3 兆赫，可以用於船對空（搜救飛機）的現場通信。

　　現場通信頻率的選擇或指定，是協調搜救行動的單位 RCC 的責任。通常情況下，一旦一個現場通信頻率被建立，一個在所選擇的頻率上保持聽覺或電傳的連續守聽，是所有參與的現場移動單位的責任。

　　若發生誤發訊號的情況，發現誤發示警，第一先關閉停發，立刻轉到 channel 16/2182 kHz，呼叫所有電台「All Stations」，報上「ship's name」、「call sign」與「MMSI number」，宣告「cancel the false distress alert」。若只是由 VHF 誤發，只須經 VHF 宣告撤銷，若是由 MF 誤發，只需經 MF 2182 kHz 宣告撤銷，若是由 HF 誤發，則取消不能只是由誤發示警的頻段來取消，因假警報的發送範圍很難確認，因此在宣告錯誤取消時，須包含更大範圍，也就是要在 HF 每個遇險頻道 4、6、8、12 和 16 MHz bands 內，使用語音頻道來宣告撤銷。

[1] 尹章華，兩岸論海難搜救之協調合作，臺灣法律網，2004。

[2] 朱于益等，全球海上遇險及安全系統普通值機員訓練教材，中華民國船長公會主編印行，2005。

[3] https://sailing.co.za/frequentis-to-provide-maritime-distress-communication-solution-for-south-africa/

[4] 劉謙等，船舶通訊概要，教育部，2009。

[5] 胡家聲，全球海上遇險及安全系統，翠柏霖企業股份有限公司，2016。

[6] Kramer, Herbert J. "COSPAS-S&RSAT (International Satellite System for Search & Rescue Services)". Oct. 2011.

[7] COSPAS-SARSAT (International Satellite System for Search and Rescue Services) https://directory.eoportal.org/web/eoportal/satellite-missions/c-missions/cospas-sarsat

[8] GMDSS Handbook, Part3, IMO, p.17.2001.

[9] 郭福村 劉安白，船舶通訊，教育部，2017。

[10] GMDSS TUTOR TGS-5000 (VERSION 8.2) USER MANUAL.2011.

[11] Transas GMDSS Simulator TGS 5000 brochure. www.transas.com. 2017.

[12] INMARSAT 網站 https://www.inmarsat.com/.

[13] 交通部一等船副考題，103-107。

[14] Goff, Reports of Mass GPS Spoofing Attack in the Black Sea Strengthen Calls for PNT Backup, Inside GNSS 24 July 2017, https://www.insidegnss.com/node/5555

[15] 莊智清、黃國興，電子導航，全華科技圖書股份有限公司，2001 年。

[16] 安守中，GPS 全球衛星定位系統入門，全華，2002 年。

[17] 全球衛星定位系統理論與應用 https://www.slideserve.com/indira-cote/6560315

[18] https://tw.skynav.com.tw/article/109

[19] Resolution A.694(17), IEC 721-3-6, IEC 945 and IEC 1108-1, 1991.

[20] Jay A. Farrell & Matthew Barth ,The Global Positioning System & Inertial Navigation, Mc Graw Hill , 1999.

[21] Pratap Misra , Per Enge , Global Positioning System：Signal , Measurements , and Performance , Ganga-Jamuna Press , 2001.

[22] Mohinder S. Grewal , Lawrence R. Weill & Angus P.Andrews , Global Positioning System , Inertial Navigation , and Integration, New York : John Wiley, 2001.

[23] https://www.furuno.com/special/jp/radar/drs-nxt/

[24] International Maritime Organization, 2000, "Adoption Of The Revised Performance Standards For Shipborne Global Positioning System (GPS) Receiver Equipment", Resolution MSC.112(73).

[25] https://iho.int/en/navigation-warnings-on-the-web

[26] https://www.sarsat.noaa.gov/cospas-sarsat-system-overview/

[27] International Maritime Organization, 2007,"Adoption of Amendments to Performance Standards for Survival Craft Radar Transponders for Use in Search and Rescue Operations", Resolution MSC.247(83).

[28] International Maritime Organization, 2007,"Adoption of Performance Standards for Survival Craft AIS Search and Rescue Transmitters (AIS-SART) for Use in Search and Rescue Operations", Resolution MSC.246(83).

MEMO

MEMO

**MEMO**

MEMO

國家圖書館出版品預行編目資料

全球海上遇險及安全系統／張在欣編著.－初版.－新
北市：新文京開發出版股份有限公司，2022.06
　　面；　公分

　　ISBN　978-986-430-835-4（平裝）

　　1.CST: 航海安全設備　2.CST: 海難救助　3.CST:
無線電通訊

444.6　　　　　　　　　　　　　　　　111007311

全球海上遇險及安全系統　　　　　　　　　　（書號：HT54）

| 編 著 者 | 張在欣 |
| 出 版 者 | 新文京開發出版股份有限公司 |
| 地　　址 | 新北市中和區中山路二段 362 號 9 樓 |
| 電　　話 | (02) 2244-8188（代表號） |
| Ｆ Ａ Ｘ | (02) 2244-8189 |
| 郵　　撥 | 1958730-2 |
| 初　　版 | 西元 2022 年 06 月 20 日 |

**New Wun Ching Developmental Publishing Co., Ltd.**

New Age · New Choice · The Best Selected Educational Publications — NEW WCDP

新文京開發出版股份有限公司

NEW WCDP

新世紀·新視野·新文京 — 精選教科書·考試用書·專業參考書